U0219981

高等学校公共基础课应用型本科教材

大学计算机基础
项目化上机指导

周贵华　卞丽情　主　编

中国轻工业出版社

图书在版编目（CIP）数据

大学计算机基础项目化上机指导/周贵华，卞丽情主编．—北京：中国轻工业出版社，2023.9
ISBN 978-7-5184-3587-6

Ⅰ.①大… Ⅱ.①周…②卞… Ⅲ.①电子计算机-高等学校-教学参考资料 Ⅳ.①TP3

中国版本图书馆 CIP 数据核字（2021）第 139185 号

责任编辑：贾　磊
策划编辑：贾　磊　　责任终审：李建华　　封面设计：锋尚设计
版式设计：霸　州　　责任校对：朱燕春　　责任监印：张　可

出版发行：中国轻工业出版社（北京东长安街 6 号，邮编：100740）
印　　刷：北京君升印刷有限公司
经　　销：各地新华书店
版　　次：2023 年 9 月第 1 版第 5 次印刷
开　　本：787×1092　1/16　印张：9.75
字　　数：210 千字
书　　号：ISBN 978-7-5184-3587-6　定价：45.00 元
邮购电话：010-65241695
发行电话：010-85119835　传真：85113293
网　　址：http://www.chlip.com.cn
Email：club@chlip.com.cn
如发现图书残缺请与我社邮购联系调换
231618J1C105ZBQ

前 言

Preface

本教材与《大学计算机基础项目化教程》相配套，以全国计算机等级考试的考试大纲（一级）为基本要求，以项目为单元，每个项目分成若干任务，任务明确并具体讲解，引导学生完成任务操作，通过本教材学习并完成本教材任务操作，达到熟练掌握计算机实操的目的。

本教材共分七个模块，主要内容如下：

模块一　Windows 10 基本操作，主要任务是掌握操作系统的基本操作方法与技巧，包括文件和文件夹的管理，属性的设置，用户管理。

模块二　Word 2016 基本操作，主要任务是掌握文字处理的各种方法，包括文字输入，字体、段落格式，项目符号和编号，边框和底纹，图片，表格，页面设置，样式和目录等。

模块三　Excel 2016 基本操作，主要任务是掌握表格操作方法，包括单元格数据类型，格式设置，公式与函数，排序、分类汇总，筛选和数据透视表等。

模块四　PowerPoint 2016 基本操作，主要任务是掌握演示文稿各种操作方法，包括幻灯片新建，版式、母版，主题以及幻灯片切换、动画和放映等。

模块五　计算机基础知识选择题及解答。

模块六　计算机网络应用，主要任务是掌握网络基本知识，局域网的使用，上网方式，Internet 应用、电子邮件等。

模块七　全国计算机等级考试指南（一级），主要任务是掌握全国计算机等级考试的基本内容及操作技能。

本教材由广州应用科技学院负责编写，参与编写人员是具有多年教学经验以及实践经验的教师。周贵华、卞丽情任主编，沈兰、刘红敏、义梅练、胡勍任副主编。具体编写分工如下：周贵华、潘伯新负责模块一的编写，卞丽情、叶开珍负责模块二的编写，沈兰、刘成泳负责模块三的编写，刘红敏、郝淑新负责模块四的编写，义梅练负责模块五、模块六的编写，胡勍负责模块六、模块七的编写。

由于编者水平所限，书中不足之处恳请读者批评指正，以便修订时改进。

编者

2021 年 4 月

目　录

Contents

MODULE 1

模块一 Windows 10 基本操作

通过各项目操作，了解文件系统的组织方式、文件的类型以及文件的属性；掌握文件的复制、移动、重命名；更改文件属性；文件搜索、创建文件快捷方式等操作。

项目一　个性化设置

每个使用计算机的用户都有自己的习惯，通过个性化设置，体现用户不同的风格。本项目内容包括桌面背景、任务栏个性化。

项目内容

本项目操作文件夹为“1-Windows 10”。

任务1　桌 面 背 景

（1）设置桌面背景　背景图片为“Desktop \desktop. jpg”。

（2）显示桌面　截取桌面，图片另存为“desktop \桌面 . jpg”。

任务2　任务栏个性化

（1）在“任务栏”中，固定/取消固定“Word 2016”程序。

（2）在“通知区”中，打开/关闭（显示/隐藏）“网络”系统图标。

项目实施

任务1　桌 面 背 景

（1）设置桌面背景　在桌面空白处，右击，在弹出快捷菜单中，选择“个性化”，弹出“设置”窗口，在“背景”下拉列表框中选择“图片”；单击“选择图片”区域下方“浏览”按钮，选择指定“desktop. jpg”文件；在“选择契合度”下拉列表框中，选择图片显示方式为“拉伸”，如图 1-1 所示。

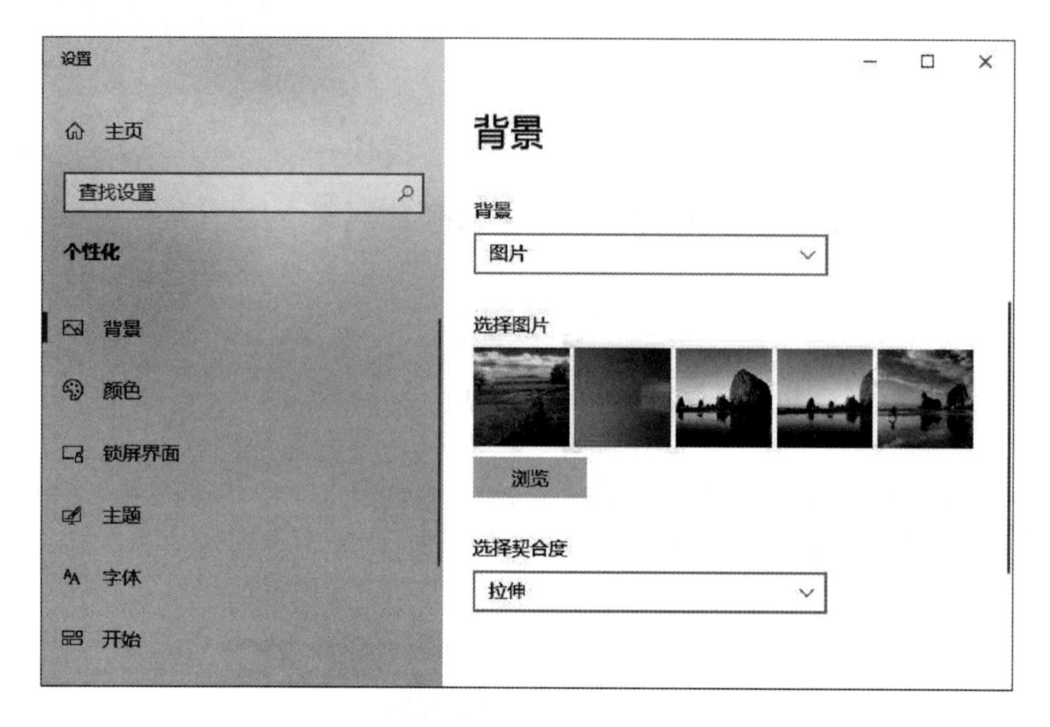

图 1-1 “背景”设置

（2）截图 单击任务栏右侧“显示桌面”按钮，最小化所有已打开程序窗口，显示桌面。按“PrintScreen”键，截取桌面，通过“画图”程序，将截图另存为“desktop \ 桌面 . jpg”。

提示：

按“Alt+PrintScreen”组合键，可截取当前窗口。

任务 2 任务栏个性化

（1）固定到任务栏

① 固定到任务栏：选择“开始”菜单→“所有应用”→“Microsoft Office”→“Word 2016”，鼠标右击，在弹出快捷菜单中，选择“更多”→“固定到任务栏”。

② 从任务栏取消固定：在任务栏中，选择“Word 2016”程序图标，鼠标右击，在弹出快捷菜单中，选择“从任务栏取消固定”。

（2）通知区系统图标显示/隐藏

① 打开“任务栏”窗格：在桌面空白处，右击，在弹出快捷菜单中，选择“个性化”，弹出“设置”窗口，在左侧“导航窗格”中，单击“任务栏”选项，右侧显示“任务栏”设置窗格，如图 1-2 所示。

② “开/关”系统图标：在“任务栏”窗格中，单击“打开或关闭系统图标”，弹出“打开或关闭系统图标”窗口，设置“网络”开头状态为“开”（“开”为显示，“关”为隐藏），如图 1-3 所示。查看“通知区”，显示“网络”图标。

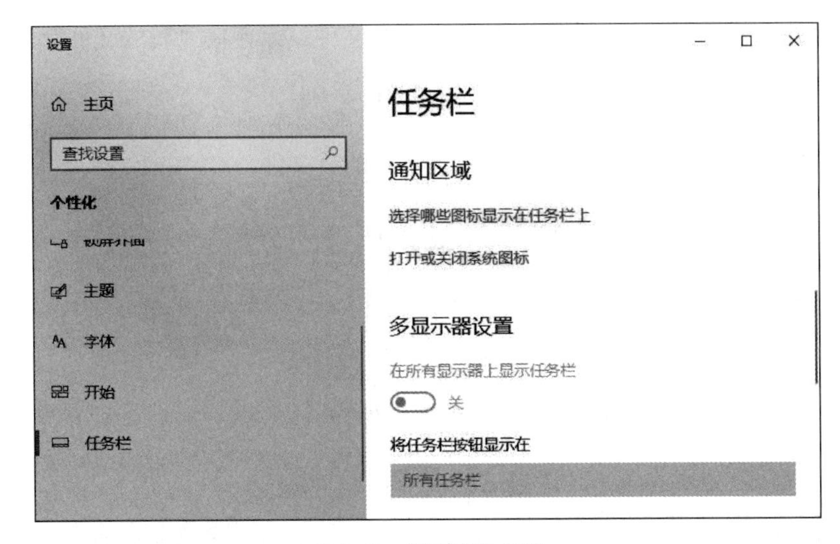

图 1-2　“任务栏”设置

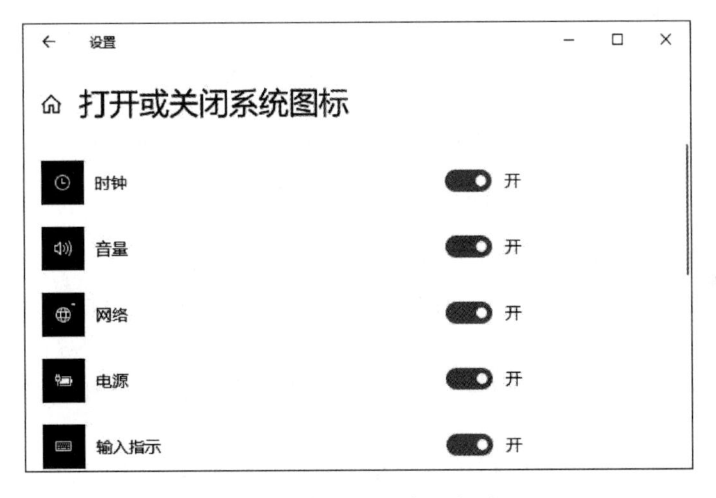

图 1-3　“打开/关闭”系统图标

项目二　文 件 管 理

本项目操作主要内容是新建文件与文件夹、文件搜索、文件删除、文件重命名、文件打开方式、更改文件属性、创建快捷方式以及文件压缩与解压。

项目内容

本项目操作文件夹为“1-Windows 10”。

任务 1　新建文件与文件夹

（1）新建文件夹　新建“图片”“我的大学”“日期”三个文件夹。

(2) 新建文本文件　新建名为“日记”文本文件，保存在“我的文件”文件夹中。

任务2　删 除 文 件

在“Delete”文件夹中，删除以“a”开头的所有文件。

任务3　重　命　名

在将“Rename”文件夹中，将“标记语言 . txt”重命名为“网页 . html”。

任务4　打 开 方 式

通过“记事本”打开“网页 . html”网页文件。

任务5　文 件 属 性

(1) 文件属性　在“Property”文件中，修改“我的大学”文件属性为“隐藏”。
(2) 显示/隐藏　显示隐藏的项目。

任务6　快 捷 方 式

在C盘中搜索记事本程序“notepad. exe”，创建其桌面快捷方式。

任务7　搜 索 文 件

在“Data”文件夹中，完成以下搜索。

(1) 直接搜索　搜索文件名以及内容包容“大学”的所有文件，并将搜索文件复制到“我的大学”文件夹中。

(2) “类型”搜索　搜索种类为“图片”的所有文件，并将搜索文件复制到“图片”文件夹中。

(3) “修改日期”搜索　打开“a1”文本文件，任意输入几个字符，保存关闭，搜索“修改日期”为“今天”的文件。并将搜索文件复制到“日期”文件夹中。

任务8　压缩与解压

(1) 压缩　压缩“图片”文件夹。
(2) 解压　解压“图片”压缩文件。

项目实施

任务1　新建文件或文件夹

(1) 新建文件夹

方法1：打开“1-Windows 10”文件夹，在窗口空白处，右击，在快捷菜单中，选择“新建”→“文件夹”。在文件名文本框中，输入“图片”，按“Enter”键，或在空白处单击确定。

方法2：打开“1-Windows 10”文件夹，单击“主页”→“新建”组→“新建文件夹”，在文件名文本框中，输入“图片”，按“Enter”键，或在空白处单击确定。

同理新建“我的大学”“日期”文件夹，如图 1-4 所示。

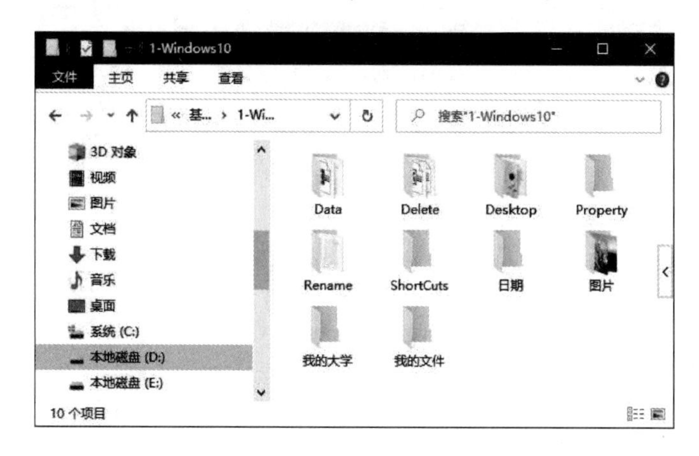

图 1-4　新建文件夹

（2）新建文本文件

方法 1：打开“我的文件”文件夹，在窗口空白处，右击，在快捷菜单中，选择“新建”→“文本文件”，在文件名文本框中，输入文件名“日记”。

方法 2：选择“开始”按钮→“所有应用”→“Windows 附件”→“记事本”，打开“记事本”程序。单击“文件”→“另存为”，弹出“另存为”对话框，定位于“我的文件”文件夹，输入文件名“日记”，如图 1-5 所示，单击“保存”。

图 1-5　“另存为”对话框

任务 2　删除文件

（1）搜索文件　打开“Delete”文件夹，单击搜索栏，输入“a*”（*号表示任意字符组合），搜索结果包括以“a”开头的文件，以及含有 a 开头的内容，如图 1-6 所示。

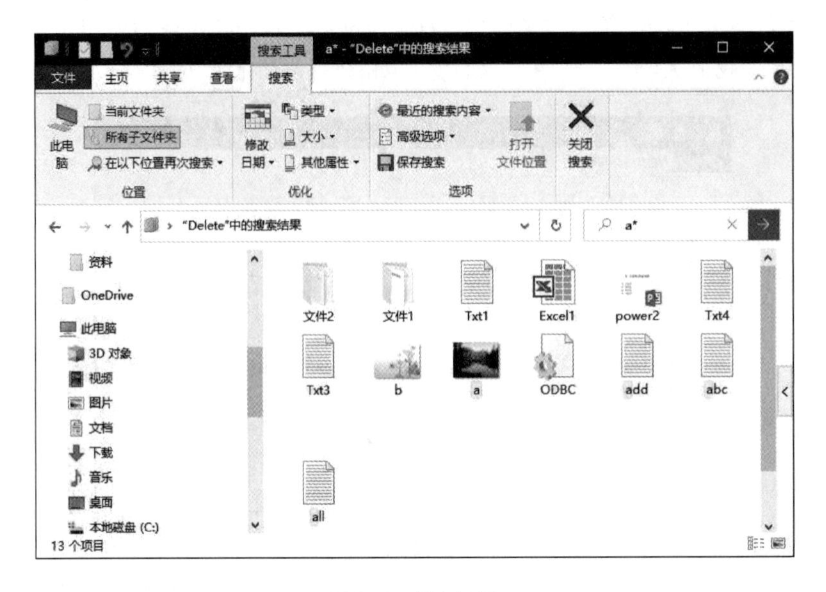

图1-6 搜索结果

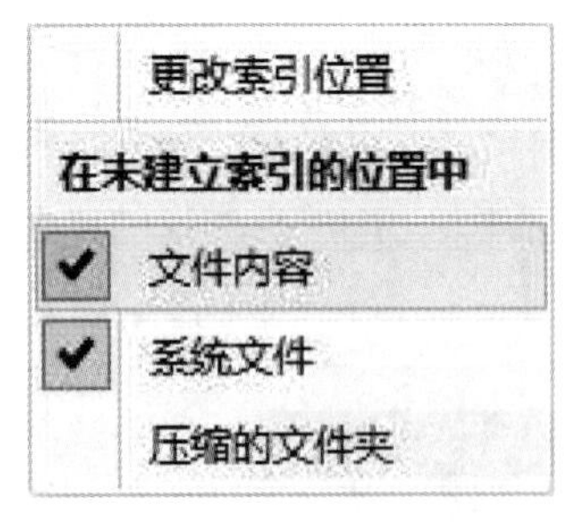

图1-7 设置高级选项

（2）过滤文件 单击“搜索工具/搜索”→“选项”组→“高级选项”，如图1-7所示，取消“文件内容”选项（单击，取消前面钩）。搜索窗口中，只显示以“a”开头的文件，如图1-8所示。

（3）删除文件 在搜索窗口中，按“Ctrl+A”全选，按“Del”删除。

任务3 重 命 名

（1）默认情况下，文件的扩展名是隐藏的，如果需要修改文件的扩展名，必须先显示文件扩展名，显示方法：打开“Rename”文件夹，单击“查看”→“显示/隐藏”组→选中“文件扩展名”，如图1-9所示。

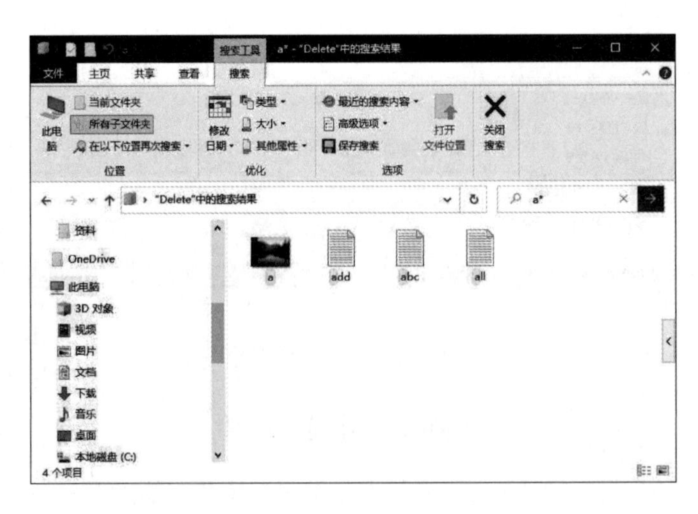

图1-8 搜索结果

图 1-9　显示文件扩展名

（2）选中“标记语言. txt”，单击“主页”→“组织”组→“重命名”，删除原文件名中，输入新名“网页. html”。单击空白处确定，由于修改文件扩展名，弹出“重命名”警告框，如图1-10 所示，单击“是”按钮。由于修改了文件的扩展名，文件的图标也更改为浏览器图标，如图 1-11 所示。

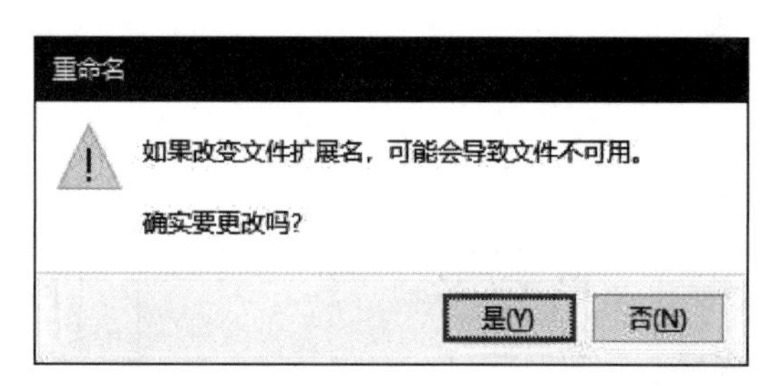

图 1-10　“重命名”警告框

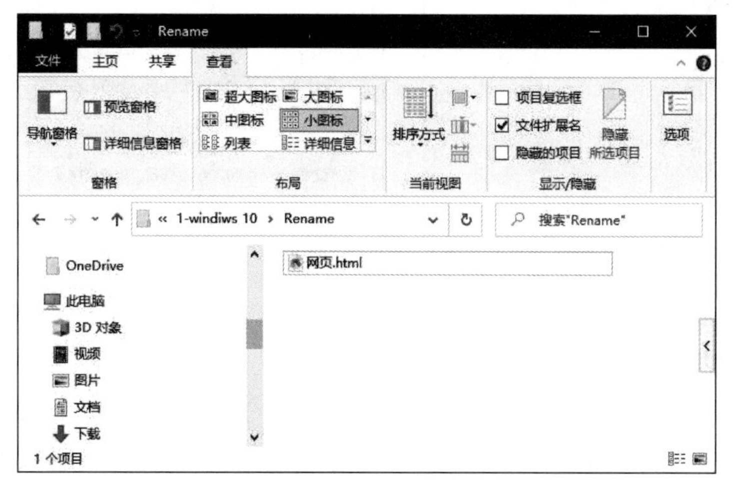

图 1-11　重命名

任务 4　打开方式

说明：由于“. html”扩展名与浏览器相关联，双击“网页. html”文件，启用浏览器打开。需要更改打开方式（通过指定程序即非默认的程序，打开文件）。

选择“网页. html”文件，右击，在弹出快捷菜单中，选择“打开方式”→“选择其他应用”，弹出“其他选项”列表框，选择“更多应用”，在列表框中，选择“记事本”，如图 1-12 所示，单击“确定”按钮，通过“记事本”打开文件。

提示：

如果需要始终使用“记事本”打开（即双击打开），则在列表框中，选中“始终使用此应用打开 .html 文件”复选框。

任务5 文件属性

（1）文件属性

方法 1：打开“Property”文件夹，选中“我的大学”文档，右击，在快捷菜中，选择“属性”，弹出“我的大学 属性”对话框，在“属性”栏中，选中“隐藏”复选框。如图 1-13 所示，单击“确定”按钮。

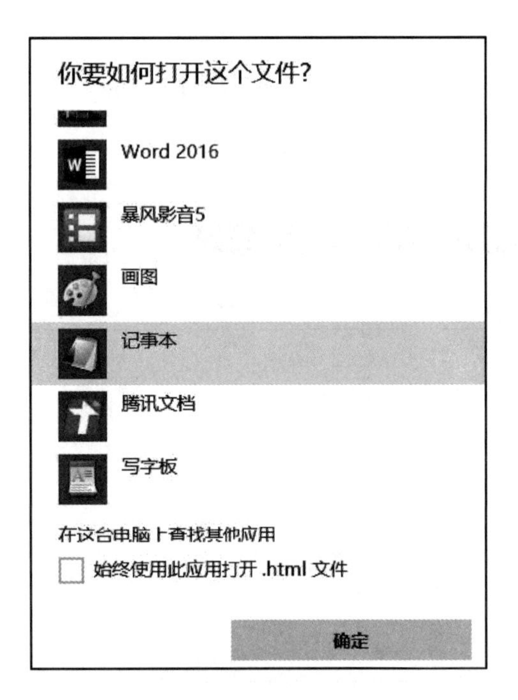

图 1-12 选择程序

图 1-13 “我的大学：属性”对话框

方法 2：打开“Property”文件夹，选中“我的大学”文档，单击“查看”→“隐藏/显示”组→“隐藏所选项目”，如图 1-14 所示。

（2）显示/隐藏 打开“Property”文件夹，单击“查看”→“隐藏/显示”组→选中“隐藏的项目”。如图 1-15 所示，被隐藏的文件的图标以灰色显示。

图 1-14　“显示/隐藏”设置

图 1-15　查看隐藏项目

任务 6　快 捷 方 式

方法 1：选中“C：\windows \system32 \ notepad. exe”记事本程序，右击，在快捷菜单中，选择“发送到”→“桌面快捷方式”，如图 1-16 所示。

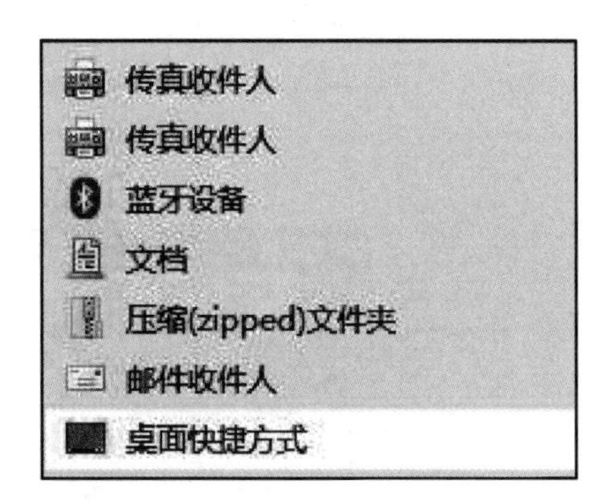

图1-16　“发送到”菜单选项

方法 2：选中“C：\windows \system32 \ notepad. exe”记事本程序，单击“主页”→“剪贴板”组→“复制”；在导航窗格中，单击“桌面”，单击“主页”→“剪贴板”组→“粘贴快捷方式”。

记事本桌面快捷方式，如图 1-17 所示。

任务 7　搜 索 文 件

(1) 直接搜索　打开“Data”文件夹，单击“搜索栏”，在“搜索栏”中，输入“大学”，搜索结果如图 1-18 所示。全选搜索结果文件，复制到“我的大学”文件夹中。

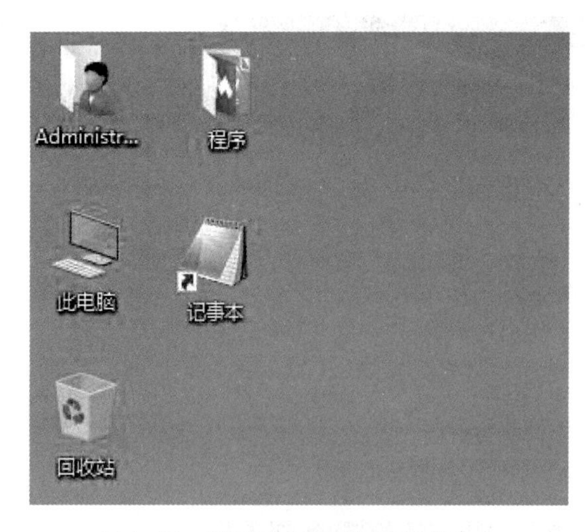

图 1-17 “记事本”程序的桌面快捷方式

思考：如何设置才能实现只搜索文件名，不包括文件内容。

（2）根据“类型”搜索 打开“Data”文件夹，单击“搜索栏”，显示“搜索工具/搜索”选项卡，单击“搜索工具/搜索”→“优化”组→“类型”，在下拉列表框中，选择“图片”，“搜索栏”显示“种类：= 图片”，搜索结果如图 1-19 所示。全选搜索结果文件，复制粘贴到“图片”文件夹中。

提示：

① 根据“种类：= 图片”搜索，搜索是各种类型的图片文件，包括 . jpg、. bmp、. png 等，在搜索窗口

图 1-18 直接搜索结果

图 1-19 根据“类型”搜索结果

中，显示文件扩展名可以查看到各种类型图片文件，如图 1-20 所示。

② 如果只搜索特定类型图片文件，如“.jpg”，从类型列表框中选择“.jpg”，构成筛选条件：“类型：=.jpg”。搜索结果如图 1-21 所示。

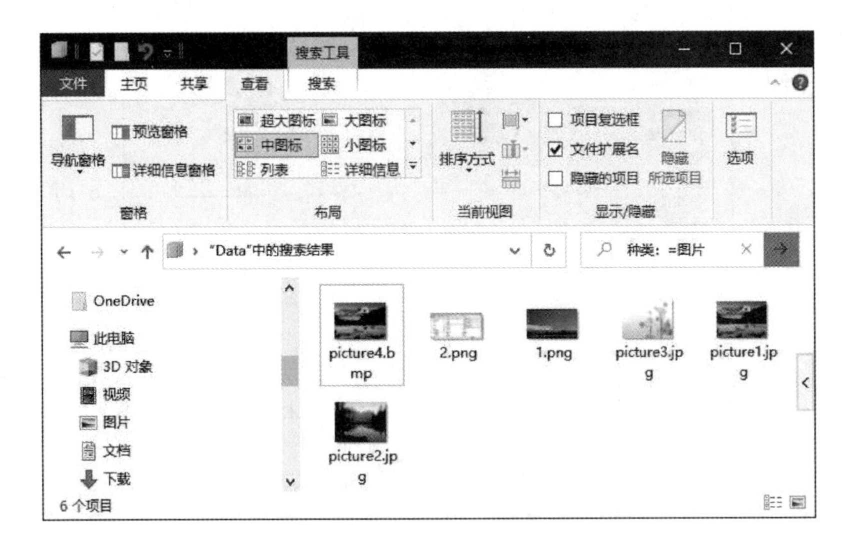

图 1-20　显示图片文件扩展名

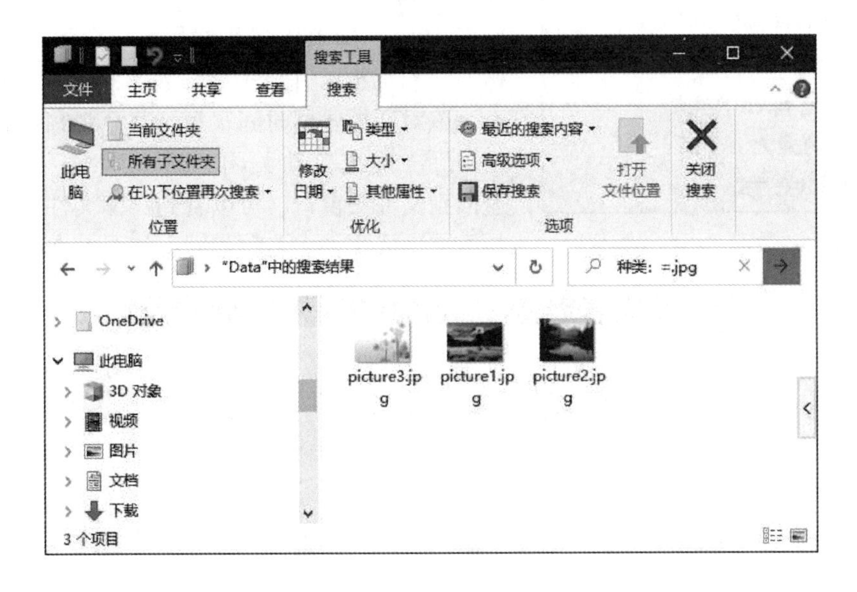

图 1-21　搜索指定类型的图片

（3）根据“修改日期”搜索　打开“Data”文件夹，打开“a1”文本文件，任意输入几个字符，保存关闭，单击“搜索栏”，显示“搜索工具/搜索”，单击“搜索工具/搜索”→“优化”组→“修改日期”，在下拉列表中，选择“今天”，“搜索栏”显示“修改日期：今天”。搜索结果如图 1-22 所示。全选搜索文件，复制粘贴到“日期”文件夹中。

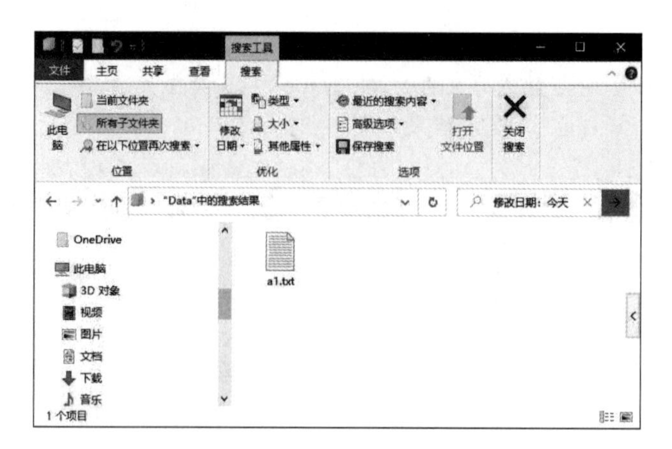

图 1-22　按时间搜索结果

提示：

“修改日期”范围有“今天、昨天、本周、上周、本月、上月、今年、去年”。

任务 8　压缩与解压

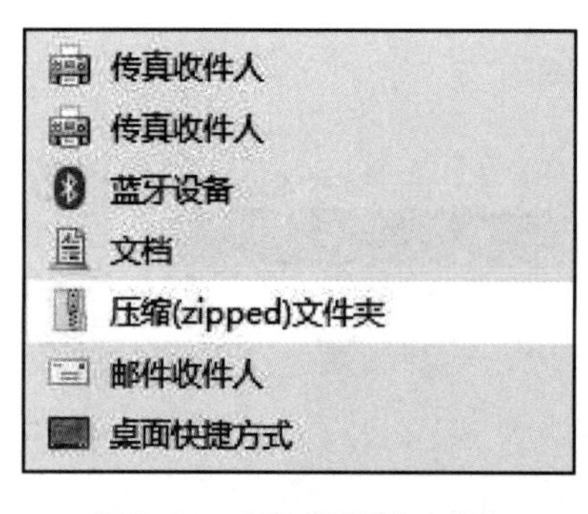

图 1-23　压缩“图片”文件夹

（1）压缩　使用 Windows 10 自带的压缩程序。选择“图片”文件夹，右击，在快捷菜单中，选择“发送到”→“压缩（zipped）文件夹”，如图 1-23 所示，如果压缩数据量大，会弹出“正在压缩…”对话框，并显示压缩进度，如果压缩数据量小，该对话框停留时间很短，甚至观察不到。完成压缩后，系统自动关闭“正在压缩…”对话框，返回到文件夹窗口，可以看到压缩文件，压缩文件与原文件或文件夹名称相同，如图 1-24 所示。

图 1-24　“图片”压缩文件

（2）解压　使用“Windows 资源管理器”解压，选择“图片”压缩文件，右击，在快捷菜单中，选择“打开方式”→“Windows 资源管理器”，弹出“资源管理器”窗口，如图 1-25 所示。

选中压缩文件中“图片”文件夹，单击“提取/压缩的文件夹工具”→“全部解压缩”，弹出“提取压缩（zipped）文件夹”，选择提取文件夹位置后，如图 1-26 所示，单击“提取”，完成解压缩。

图 1-25 提取压缩文件夹工具窗口

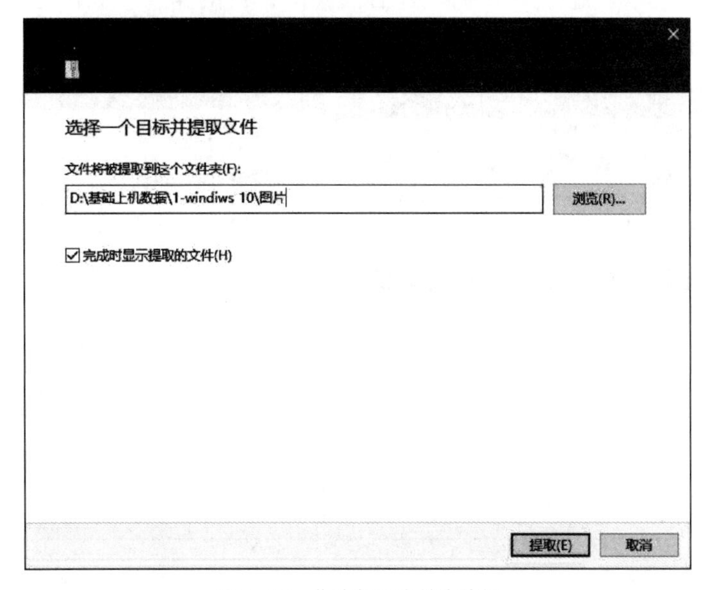

图 1-26 指定解压文件夹路径

提示：

使用 WinRAR 压缩与解压。

① 压缩：选择图片，右击，在弹出快捷菜单中，选择“添加到压缩文件”，弹出“压缩文件名和参数”设置窗口，如图 1-27 所示。保持默认设置，单击“确定”按钮，弹出“正在创建压缩文件”对话框，显示压缩进度以及时间信息，压缩完成后，该对话框将自动关闭，返回到文件夹窗口，可以看到压缩文件。

图1-27　“压缩文件名和参数”对话框

② 解压：双击压缩文件，打开 WinRAR 解压窗口，如图 1-28 所示。单击“解压到”按钮，弹出“解压路径和选项”对话框，设置目的路径，如图 1-29 所示，单击“确定”按钮，完成解压。

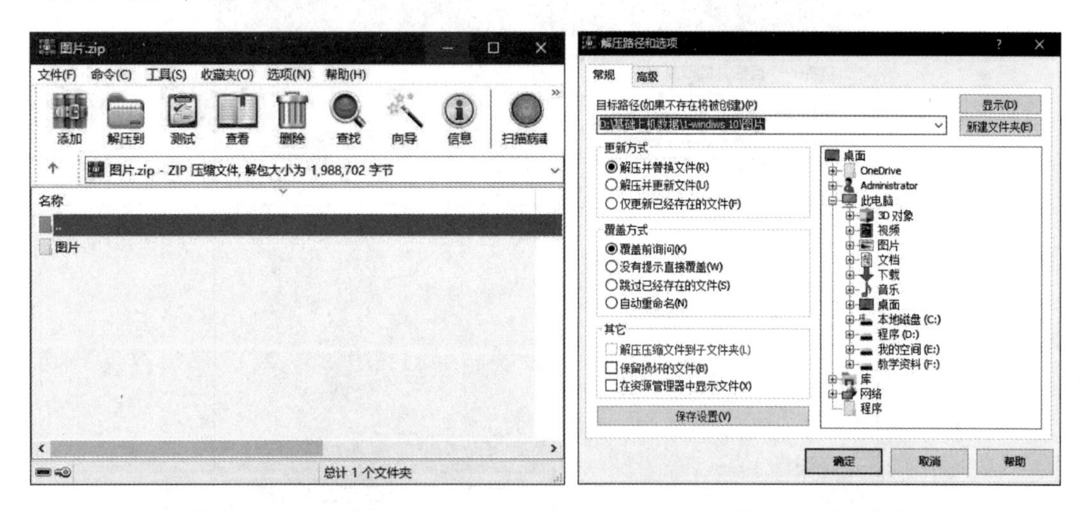

图1-28　解压文件夹

图1-29　解压设置

项目三　Windows 10 综合实训

在“综合实训\Windows 10”文件夹中，完成下列操作。

任务1 新建文件和文件夹

（1）新建文件夹 新建“搜索结果”文件夹。

（2）新建文本文件 新建名为“笔记”文本文件，保存在“我的文件”文件夹中。

任务2 删除文件

在“Delete”文件夹中，删除文件“笔记”、文件夹“图片”、快捷方式“我的资料”。

任务3 文件重命名

在“Rename”文件夹中，将文件“批处理.txt”重命名为“新建.dat”。

任务4 文件属性

在“Property”文件夹中，将文件“笔记.txt”的属性改为“只读”。打开该文件，删除几个字符，单击保存，查看提示。

任务5 文件复制与移动

在“Copy”文件夹中，选择“复制”将文件复制到“Paste”文件夹；选择“移动”将文件移动到“Paste”文件夹。

任务6 快捷方式

创建文件夹“我的文件”快捷方式，存放在“Shortcuts”文件夹中。

任务7 搜索文件

在“Data”文件夹中搜索包含“计算机”字符的文档，并将搜索结果复制到“搜索结果”文件夹中。

任务8 压缩与解压

压缩“Data”文件夹，并解压到“数据”文件夹。

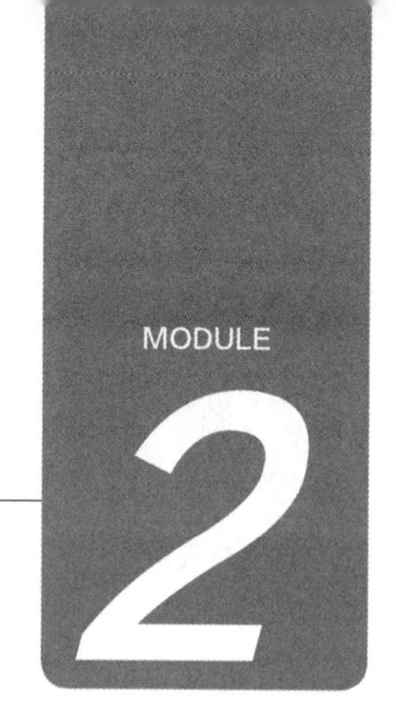

模块二

Word 2016 基本操作

通过模块的操作，掌握文档基本编辑方法，格式设置，图表编辑以及样式，目录等内容。

项目一　文 档 编 辑

文档的编辑主要包括各种标点符号及特殊符号的输入，字符的复制与移动、查找与替换等操作。特殊字符包括空格、不间断空格、回车符（段落标记）、分行符、分页符以及各种图形符号，图形符号在文档中作字符处理，如同一个中英文字符。

项目内容

任务 1　特 殊 符 号

打开“特殊符号”文档，按模板要求，输入标点符号、数字序号和数学符号。

任务 2　文 档 编 辑

打开“文档编辑”文档，完成以下操作。

（1）插入行　在文档开头插入一行，输入“我的大学我的梦”。

（2）移动文本　将第 3 段“也曾经历过……努力去追求”段落移到第 1 段“正因为我不相信……我依然不顾一切的向前”段落之前。

（3）删除空格　删除文档中所有窗格，包括“全角空格”“半角空格”。

（4）删除空行　删除文档中全部空行。

项目实施

任务 1　特 殊 符 号

特殊符号模板，如表 2-1 所示。

表 2-1 特殊字符实例表

标点符号	，	、	。	：	；	……	·	“”	《》	【】
数字序号	Ⅰ	Ⅱ	Ⅲ	①	②	③				
数学符号		±	+	−	×	÷	/	=	√	

（1）键盘输入　在中文输入法下，键盘可以输入标点符号，标点符号与键位对应关系，如表 2-2 所示。

表 2-2 标点符号与键位的对应关系表

键位	中文标点	键位	中文标点
\	顿号、	-	破折号——
.	句号。	^	省略号……
@	实心点 ·	$	币值符号 ¥

（2）软键盘输入　在中文输入法状态条上，右击“软键盘”按钮，在快捷菜单中，选择“标点符号”，如图 2-1 所示，弹出“标点符号”软键盘，如图 2-2 所示。单击键位，插入对应标点符号。

“数字序号”软键盘，如图 2-3 所示。“数学符号”软键盘，如图 2-4 所示。

（3）“编号”命令输入　“编号”命令可以输入数学序号，单击“插入”选项卡→“编号”，弹出“编号”对话框，如图 2-5 所示，在“编号”文本框中输入数字序号，在“编号类型”列表框中选择所需类型，单击“确定”按钮。

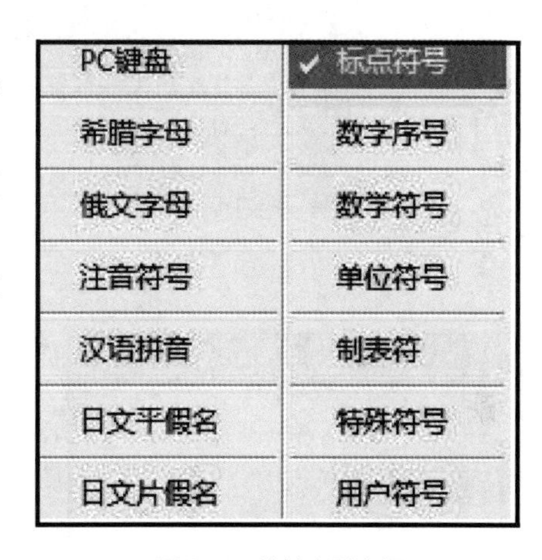

图 2-1　软键盘列表框

图 2-2　“标点符号”软键盘

（4）“符号”命令输入　“符号”命令输入可以输入标点符号及一些特殊符号，单击“插入”选项卡→“符号”组→“符号”，从列表中选择所需“符号”，如图 2-6 所示。

任务 2　文档编辑

（1）插入行　打开“文档编辑”文档。将光标置于文档开头首字前，按回车键，插入一行，输入字符“我的大学我的梦”。

图 2-3 “数字序号”软键盘

图 2-4 “数学符号”软键盘

图 2-5 “编号”对话框

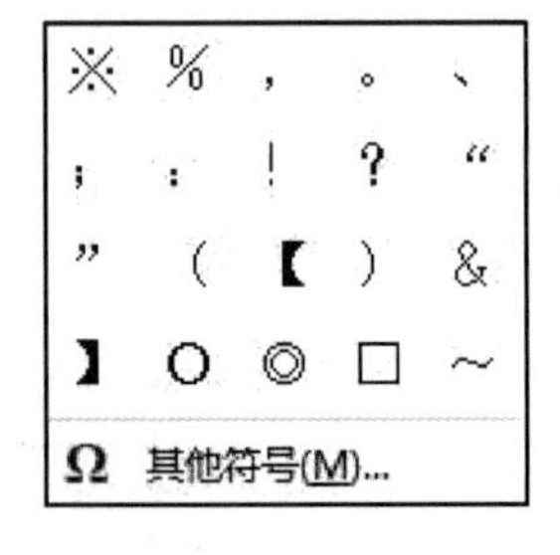

图 2-6 “符号”列表

（2）移动文本　选择区双击，选中第 3 段“也曾经历过……努力去追求”，单击“开始”选项卡→“剪贴板”组→“剪切”。

将光标定位于第 1 段“正因为我不相信……我依然不顾一切地向前……”前，单击“开始”选项卡→“剪贴板”组→“粘贴”。

（3）删除空格　单击“开始”选项卡→“编辑”组→“替换”。弹出“查找和替换”对话框，选择“替换”选项卡，在“查找内容”组合框，输入空格（在英语状态下）；在“替换为”组合框中，不输入任何内容，不选中“区分全/半角”复选框，如图 2-7 所示。单击“全部替换”按钮，即可删除全部空格。

如果选中“区分全/半角”复选框，则只删除“半角空格”或“全角空格”。

图 2-7　“查找和替换”对话框

（4）删除空行　定位文本开始，单击“开始”选项卡→“编辑”组→“替换”，弹出“查找和替换”对话框，定位“替换”选项卡，在“查找内容”组合框中，输入两个“段落标记”，即“^p^p”；在“替换为”组合框中，输入一个“段落标记”，即“^p”，如图 2-8 所示，单击“全部替换”，弹出“搜索提示框”对话框，单击“确定”按钮，再次单击“全部替换”，直到提示“Word 已完成对文档的搜索并已完成 0 处替换”，如图 2-9 所示。

图 2-8　“查找与替换”设置

提示：

① 连续两个段落符号，表示一个空行，两个段落符号，变为一个段落符号，则是删除一个空行。

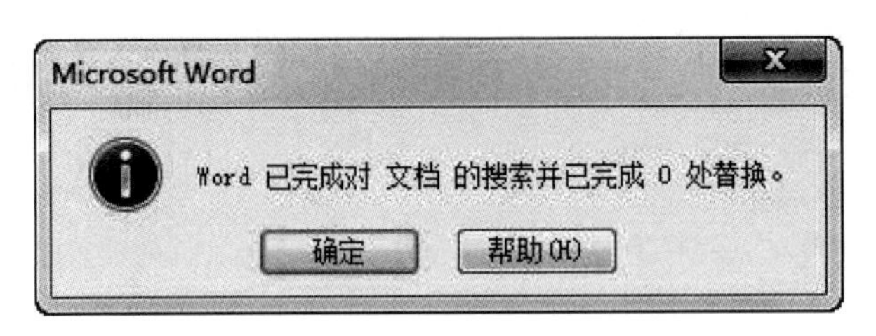

图2-9 搜索提示框

② 如果文档尾存在空行，此空行不能通过替换删除，“Microsoft Word” 对话框提示为 “Word 已完成对文档的搜索并已完成 1 处替换”，用户只能手工删除。

项目二 格式设置

字符格式主要包括字体、调整宽度、边框底纹和中文版式等。段落格式主要包括段落对方方式、段落缩进、段前段后间距、行距等。还包括首字下沉、制表位、分栏、项目符号与编号等内容。

项目内容

任务1 字符格式

打开“字符格式”文档，按文中要求，设置字符格式（字号不变）。

任务2 段落格式

打开“段落格式”文档，完成以下段落格式设置。

(1) 标题格式　对齐方法为“两端对齐”，特殊格式“(无)”。段前段后“10 磅”。

(2) 第 1 段格式　首行缩进 2 字符，1.5 倍行距。

(3) 第 2 段格式　字符格式与标题相同，段落格式与第 1 段相同。

(4) 第 3 段格式　清除第 3 段格式。

任务3 格式替换

打开“格式替换”文档，将文档中所有“文本”替换为“字符”，且格式设置为：隶书、加粗、红色。

任务4 首字下沉

打开“首字下沉”文档，设置第 1 段首字下沉：位置为“下沉”，字体为“黑体”，下沉行数为“2”。

任务5 分栏

打开“分栏”文档，设置第 2 段等分分栏，中间间距 2 字符，加分隔线。

任务6 项 目 符 号

打开“项目符号”文档，对正文段落应用项目符号“√”。要求：项目符号的对齐位置“0.74 厘米”（2 字符），文本缩进位置“1.48 厘米”（4 字符）编号之后添加制表位，不选中制表符添加位置（默认与文本缩进位置一致）。

任务7 编　　号

打开“编号”文档，对正文段落应用编号“任务 1”。要求：编号“左对齐”，对齐位置“2 字符”，文本缩进位置为“0”，编号之后添加制表位，不选中“制表位的位置”（默认与文本缩进位置一致）。

项目实施

任务1 字 符 格 式

（1）“字体”对话框　选择格式对象，单击“开始”选项卡→“字体”组→“字体”按钮，弹出“字体”对话框。选择“字体”选项卡，如图 2-10 所示。可以设置内容包括中文字体、西方字体、字形、字号、字体颜色、下划线线型及下划线颜色，着重号，上标、下标等。设置完成后，单击“确定”按钮。

图 2-10　“字体”选项卡

（2）“字体”功能组　选择格式对象，“开始”→“字体”组，可设置字体、字号、加粗、倾斜、下划线、上标、下标等，如图 2-11 所示。

（3）字符边框　选中字符，单击“开始”选项卡→“段落”组→“边框和底纹”下拉按钮，在列表框中，选择“边框和底纹”，弹出“边框和底纹”对话框。

定位“边框”选项卡，在“设置”列表中选择“方框”，在“线型”列表中选择“单实线”，在“颜色”框中选择“自动”（默认颜色，一般设置为黑色），在“宽度”框中，选择“1.0 磅”，在“应用于”下拉选择框中，选择“文字”，查看预览，如图 2-12 所示，单击“确定”按钮。

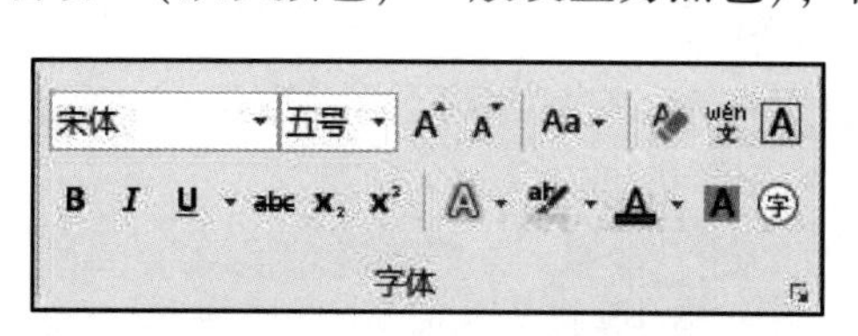

图 2-11　“字体”功能区

提示：

通过“开始”选项卡→“字体”组中的字符边框只能设置默认的单线边框。

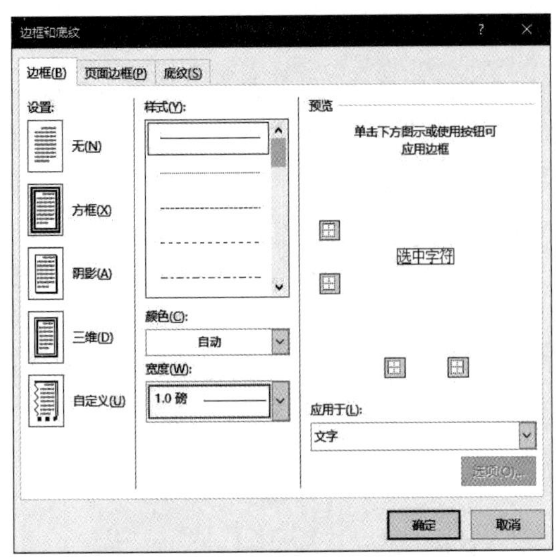

图 2-12 “边框”选项卡

（4）字符底纹

方法 1：选中字符，在“边框和底纹”对话框中，定位“底纹”选项卡，单击“填充”组合框下拉按钮，在“主题颜色”调色板中，选择“白色，背景 1，深色 15%”，如图 2-13 所示，单击“确定”按钮。

方法 2：选中字符，单击“开始”选项卡→“段落”组→“底纹”下拉按钮，在“主题颜色”调色板中，选择“白色，背景 1，深色 15%”（实际上与边框和底纹填充调色板一样），如图 2-14 所示，单击“确定”按钮。

提示：

通过“开始”选项卡→“字体”组中的字符底纹只能设置灰度底纹。

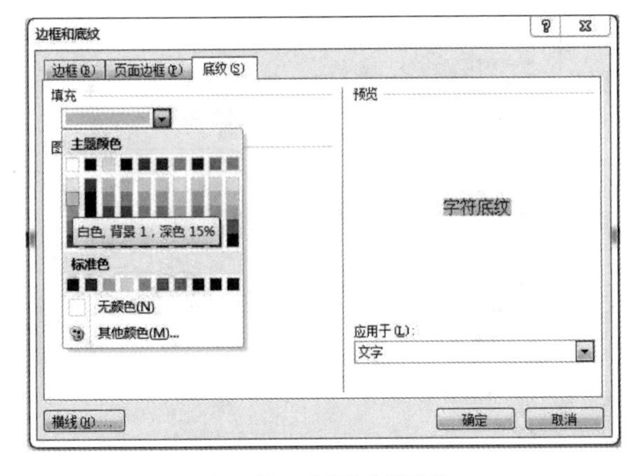

图 2-13 “底纹”选项卡

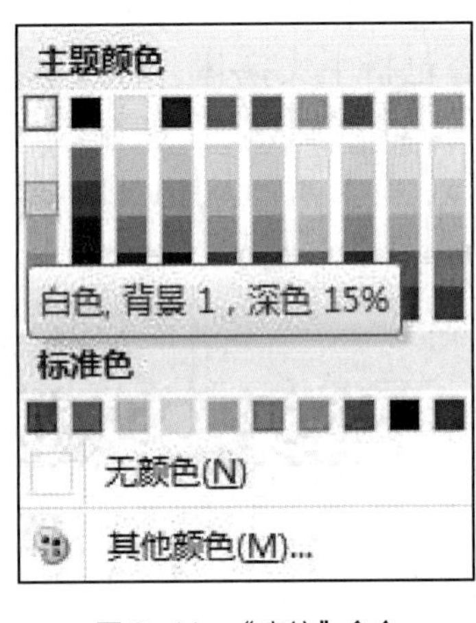

图 2-14 “底纹”命令

（5）字符格式效果，如表 2-3。

表 2-3 字符格式效果

格式要求	格式对象
字符倾斜	计算机基础
字符颜色(红色)	计算机基础
字符上标	x^2
字符下标	x_1 x_2
字符下划线(单实线)	计算机基础
字符着重号	计算机基础
字符边框-(实线 1 磅)	计算机基础
字符底纹(白色，背景 1，深色 15%)	计算机基础

任务2 段落格式

（1）设置标题段格式 选中标题段，单击“开始”选项卡→“段落”组→“段落设置”按钮，弹出的“段落”对话框，定位“缩进和间距”选项卡，在“对齐方式”下拉列表框中，选择“两端对齐”；在“特殊格式”下拉框中，选择“(无)”；在“段前”“段后”数值框中，输入“10 磅”。如图 2-15 所示，单击“确定”按钮。

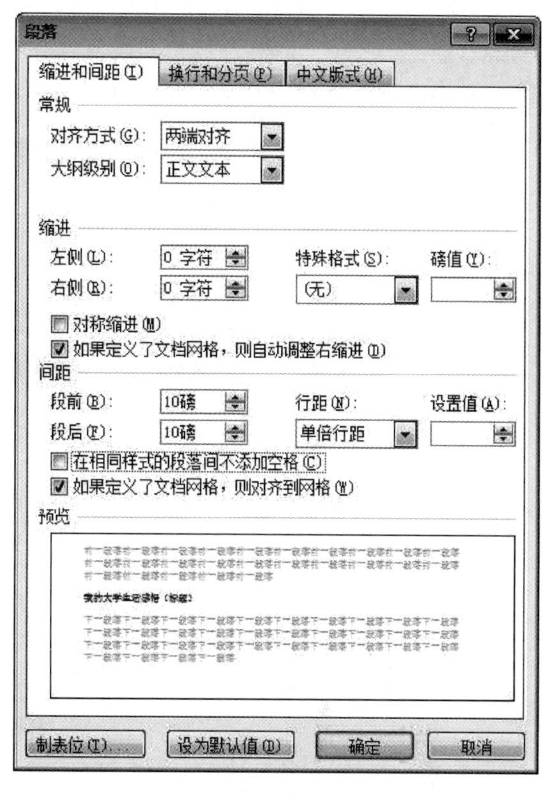

图 2-15 “缩进和间距”选项卡

（2）设置第 1 段格式 选中第 1 段，在“特殊格式”中，选择“首行缩进”，在“度量值”微调框中调整或输入“2 字符”（如果单位不是“字符”单位，直接输入“字符”）；行距：1.5 倍行距。

（3）设置第 2 段格式 复制字符格式。选择标题中任意一个字符（复制字符格式时，切记不要选择段落标记符号），单击“开始”选项卡→“剪贴板”→“格式刷”，鼠标变为刷子，刷第 2 段字符。

复制段落格式。定位第 1 段任意位（不要选中任何字符），单击“开始”选项卡→“剪贴板”→“格式刷”，鼠标变为刷子，单击第 2 段任意位置（切记只能单击）。

提示：

字符格式刷时，是以选中字符的第一个字符为基准进行字符格式复制，如果同时复制字符及段落格式，则同时选择字符及段落标记，再进行格式刷操作。

（4）清除第 3 段格式 选中第 3 段，单击“开始”选项卡→“字体”组→“清除所有格式”，清除用户设置的格式，如图 2-16 所示。

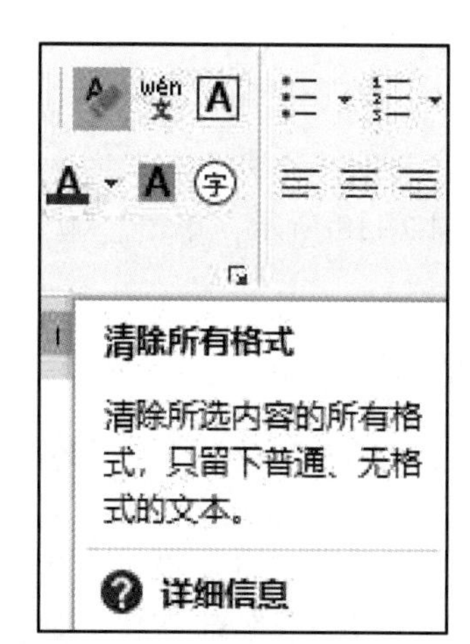

图 2-16 “清除所有格式”命令

提示：

清除格式，只是清除用户修改设置的格式，恢复到模板“正文”样式设定的格式。

任务3 格式替换

（1）打开文档，定位文档开始处，单击“开始”选项卡→“编辑”组→“替换”，弹出“查找和替换”对话，定位“替换”选项卡。在“查找内容”组合框中输入“文本”，在“替换为”组合框中输入“字符”。

（2）单击“高级”按钮，展开“搜索选项”选项区域，单击“格式”按钮，在列表框中选择“字体”。弹出“替换字体”对话框，设置格式为：隶书、加粗、红色（如果“查找内容”或者“替换为”格式设置错误，可单击“不限定格式”，取消已设置的格式）。单击“确定”按钮，返回“查找和替换”对话框，如图2-17所示。

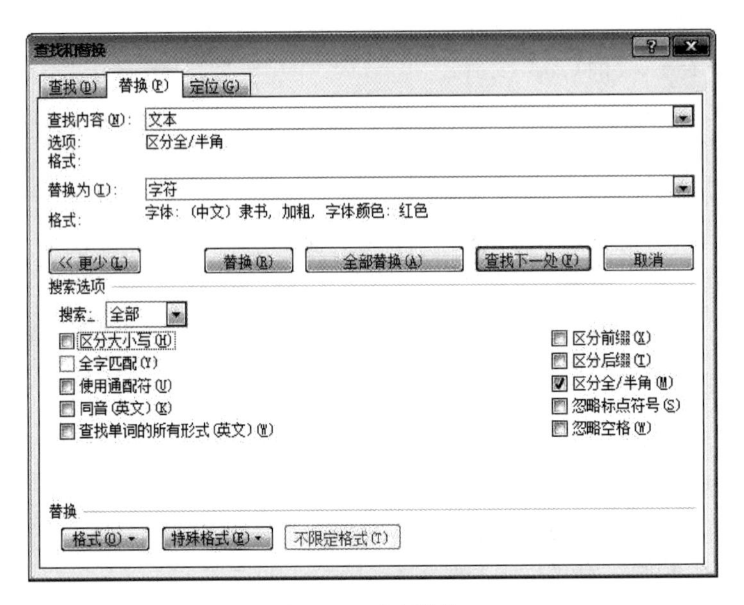

图2-17 设置替换

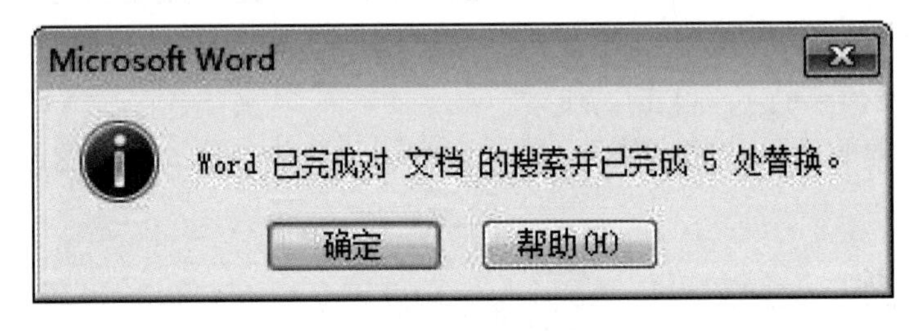

图2-18 替换结果

（3）单击“全部替换”按钮。完成搜索，并替换，弹出替换结果对话框，如图2-18所示，单击“确定”按钮。

任务4 首字下沉

光标定位第2段，单击“插入”选项卡→“文本”组→“首字下沉”下拉按钮，在列表框中，选择“首字下沉选项”，弹出“首字下沉”对话框。设置位置为“下沉”，字体为“黑体”，下沉行数为“2”，如图2-19所示，单击“确定”按钮。效果如图2-20所示。

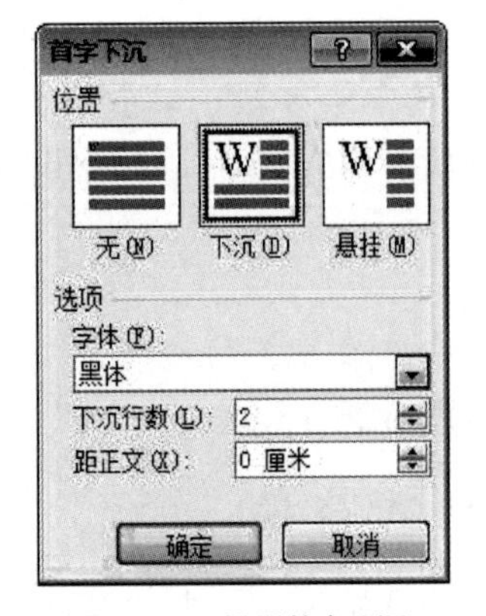

图2-19 设置首字下沉

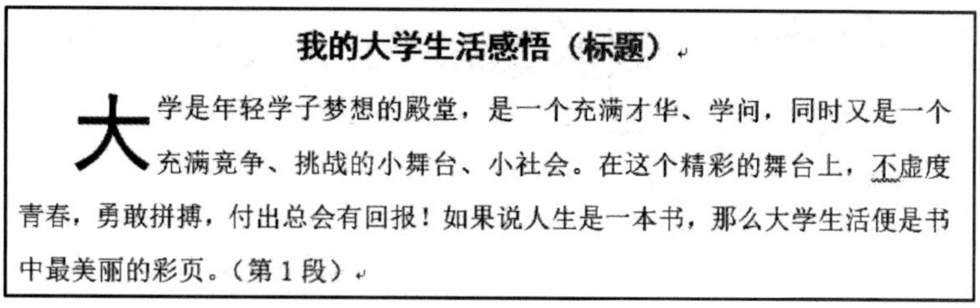

我的大学生活感悟（标题）
大学是年轻学子梦想的殿堂，是一个充满才华、学问，同时又是一个充满竞争、挑战的小舞台、小社会。在这个精彩的舞台上，不虚度青春，勇敢拼搏，付出总会有回报！如果说人生是一本书，那么大学生活便是书中最美丽的彩页。（第1段）

图2-20 首字下沉效果

任务5 分　栏

鼠标定位对应第2段选择区，双击，选择第2段，单击“布局”选项卡→“页面设置”组→“分栏”下拉按钮，在列表框中，选择“更多分栏”，弹出“分栏”对话框，选择“预设”中的“两栏”，选中“分隔线”与“栏宽相等”，间距调整为“2字符”，应用于“所选文字”，如图2-21所示，单击“确定”按钮。分栏效果如图2-22所示。

分栏
预设
一栏(O)
两栏(W)
三栏(T)
左(L)
右(R)
栏数(N): 2
分隔线(B)
宽度和间距
预览
栏(C): 宽度(I): 间距(S):
1: 18.17 字符 2 字符
2: 18.17 字符
栏宽相等(E)
应用于(A): 所选文字
开始新栏(U)
确定
取消

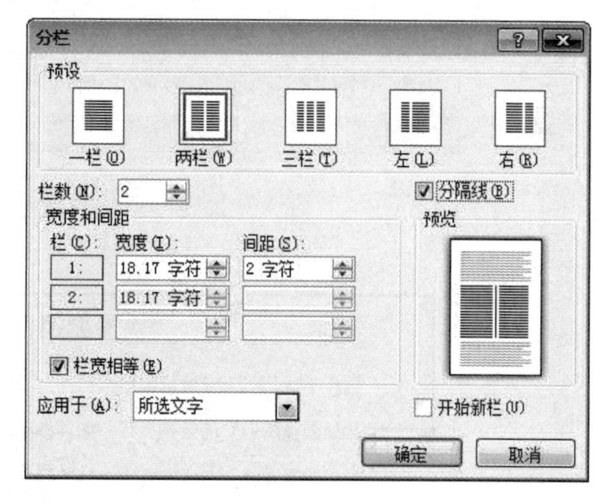

图2-21 分栏设置

任务6 项目符号

选择对象，单击“开始”选项卡→“段落”组→“多级列表”下拉按钮，在列表框中，选择“定义新的多级列表”，弹出“定义新的多级列表”对话框。

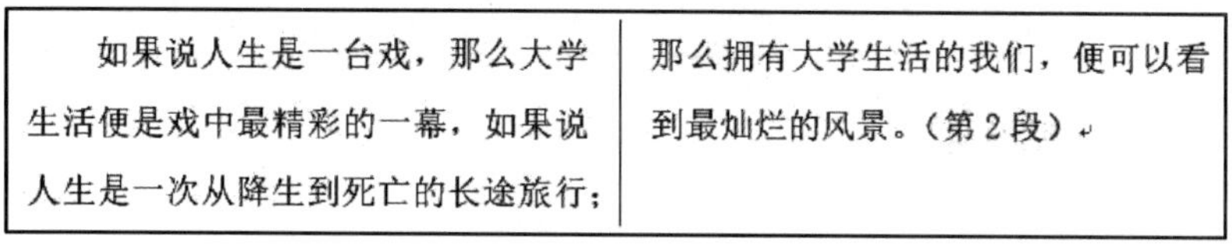

如果说人生是一台戏，那么大学生活便是戏中最精彩的一幕，如果说人生是一次从降生到死亡的长途旅行；
那么拥有大学生活的我们，便可以看到最灿烂的风景。（第2段）

图2-22 分栏效果

在“此级别的编号样式”下拉框中，选择项目符号“√”，则在“输入编号的格式”文本框中显示“√”，或者直接在此文本框中输入项目符号“√”。调整或输入“对齐位置”为“0.74厘米”，调整或输入“文本缩进位置”为“1.48厘米”，“编号之后”选择“制表符”，不选中“制表符添加位置”，如图2-23所示，单击“确定”按钮。

设置项目符号的效果，如图2-24所示。

提示：

① 所有项目符号及编号都是采用多级方式，一般情况下使用一级。如果不满足格式要求，需要自定义。

② 设置项目符号，一般先设置第一段，其余各段采用格式刷设置。

③ 通过“开始”选项卡→“段落”组→“项目符号”命令，只能进行简单默认设置。

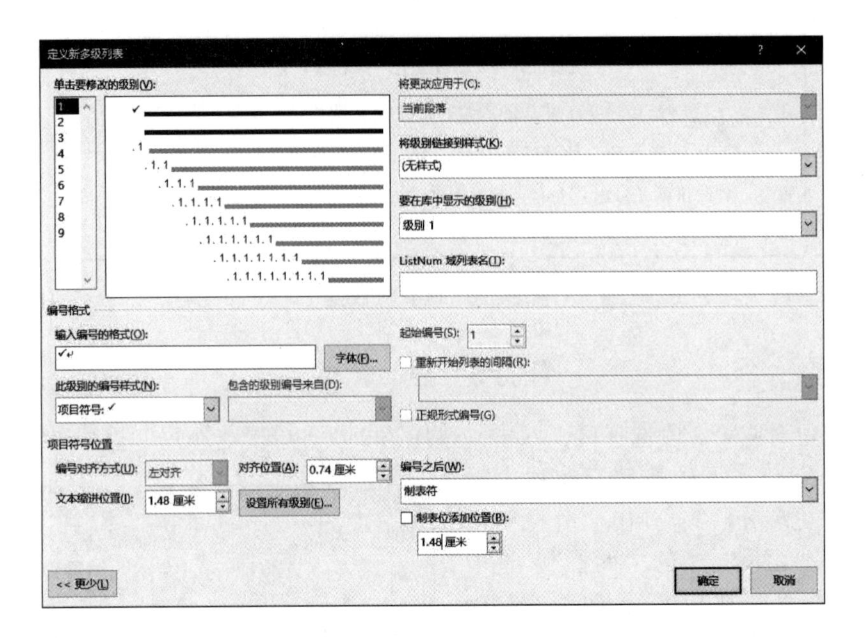

图 2-23 “定义新多级列表”对话框

快速撤销自动画布

- ✓ 当在 Word 2007 中绘制图形或插入“文本框”时，在编辑区域总会自动弹出一个“在此处创建图形”的绘图画布，如何撤销该画布呢？
- ✓ 当出现画布时，在画布范围之外的区域绘制图形，画布便自动消失。
- ✓ 当出现画布时，按“Ctrl+Z”组合键，画布自动撤销。
- ✓ 单击“[Microsoft Office 按钮]—[Word 选项]—[高级]”，在“编辑选项”中，不选择“插入‘自选图形’时自动创建绘图画布”项，“确定”后完成设置。

图 2-24 设置项目符号的效果

任务 7 编　　号

选择对象。单击“开始”选项卡→“段落”组→“多级列表”下拉按钮，弹出“定义新多级列表”对话框。

选择“1”级，在“输入编号格式”文本框中，原编号前输入“任务”，删除点号(.)；对齐位置输入“2 字符”，文本缩进位置为“0 厘米”，选择编号之后为“制表符”(如果选择“空格”，编号之后添加一个空格，选择“不特别标注”，编号之后不加任何字符)，如图 2-25 所示，单击“确定”按钮。设置效果如图 2-26 所示。

提示：

① 设置编号，一般只设置第一段，其余各段采用格式刷粘贴第一段格式。

②“编号”命令，选中正文段落，单击“开始”选项卡→“段落”组→“编号”下拉按钮，在编号库列表中，选择一种数字编号样式，如图 2-27 所示。

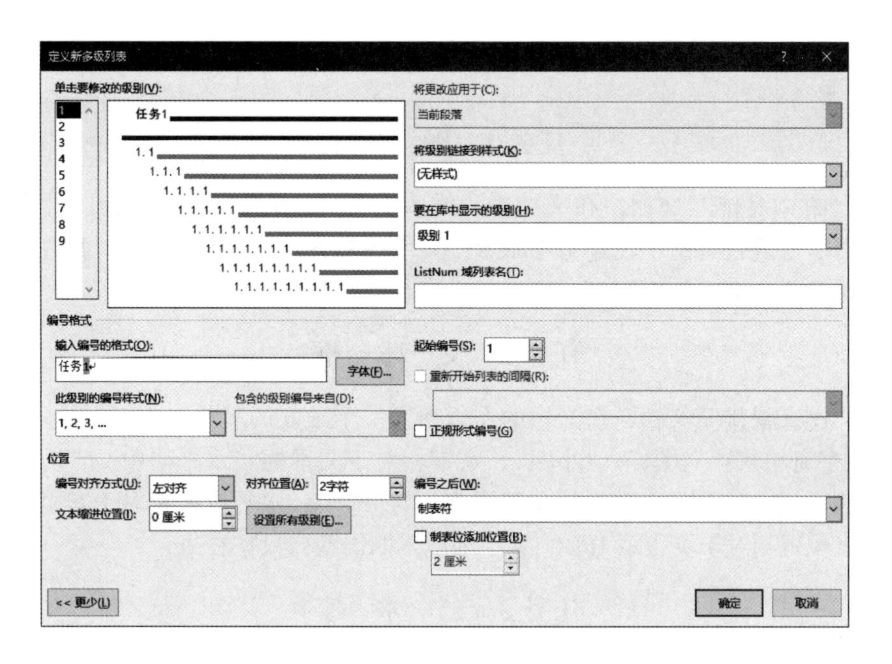

图 2-25　定义编号样式

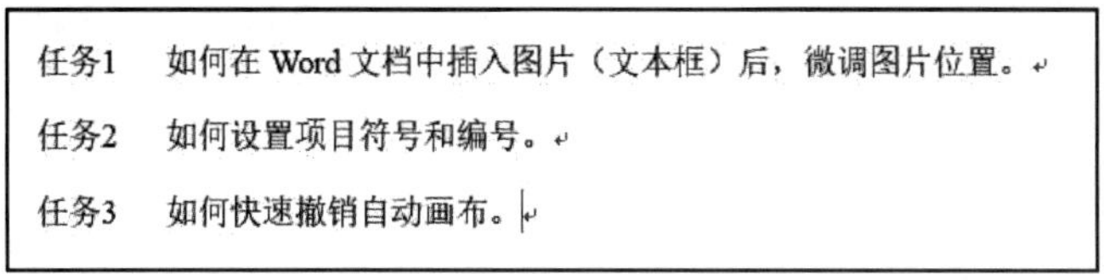

任务1	如何在 Word 文档中插入图片（文本框）后，微调图片位置。
任务2	如何设置项目符号和编号。
任务3	如何快速撤销自动画布。

图 2-26　定义编号效果

图 2-27　编号库列表

项目三　图 文 混 排

通过本项目操作，掌握在文档中插入图片、制作表格，主要内容包括艺术字、文本框、图片图形以及公式。

项目内容

任务1　图　　片

打开“图文混排”文档，在文档中，插入“VB”图片文件。设置图片大小：先“锁定纵横比”，宽度绝对值设置为4厘米；文字环绕方式：“四周型”“两边”；位置：水平方向相对于“页面”“居中”，垂直方向自行调整到适当位置。

任务2　文　本　框

打开“图文混排”文档，在文档的左边插入一个独立的竖排文本框。输入“VB程序设计”，字符格式：“黑体”“小四”，文字相对于文本框“水平居中”“垂直居中”；文本框形状格式：“无边框”“根据文字调整形状大小”；水平位置相对于布页边距，左对齐；垂直位置相对于页边距10%，文字环绕：四周型，只在右边。

任务3　艺　术　字

打开“图文混排”文档，在文档的开头插入一空行，再插入艺术字，采用“渐变填充-灰色”，输入文字：“VB程序设计”，设置字符格式：华文新魏，20号；段落格式：无首行缩进；艺术字格式：文本效果为“正V形”；环绕方式为“嵌入型”；艺术字所在段落居中，无首行缩进。

任务4　绘 制 图 形

打开“图文混排”文档，按给定的模板，在文档最后绘制“程序流程图”。要求：图形大小适当，线条粗细1/2磅，添加文字，格式为宋体，小五号，无首行缩进且居中对齐。

任务5　公　　式

打开“公式”文档，手动输入一元二次求根公式。

项目实施

任务1　图　　片

（1）插入图片　光标定位于文档中间位，单击“插入”选项卡→“插图”组→“图片”，弹出“插入图片”对话框，定位文件夹，选择“VB”图片文件，单击“插入”按钮。

（2）设置图片大小　选择图片，单击“图片工具/格式”选项卡→“大小”组→“高级版式：大小”按钮，弹出“布局”对话框，定位“大小”选项卡，选中“锁定纵横比”“相对原始图片大小”，设置宽度绝对值为“4厘米”，高度自动按比例调节，如图2-28所示。

（3）设置图片文字环绕　在“布局”对话框中，选择“文字环绕”选项卡，选择

“环绕方式”为“四周型”，“环绕文字”为“两边”，如图 2-29 所示。

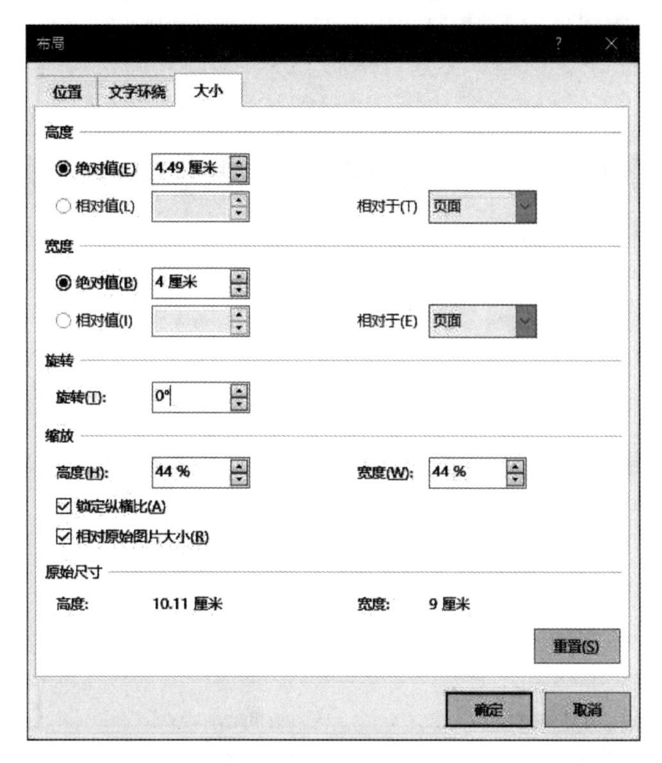

图 2-28　设置大小

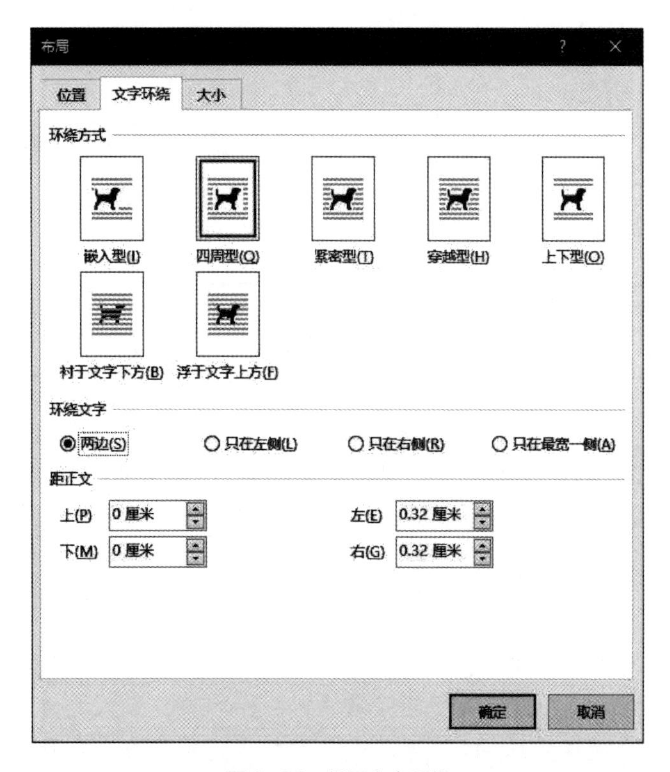

图 2-29　设置文字环绕

(4) 设置图片位置　在“布局”对话框中，选择“位置”选项卡，选择“水平”栏中“对齐方式”为“居中”，相对于“页面”，如图 2-30 所示。单击“确定”按钮。

选中图片，按上下方向键，在垂直方向上，移动图片调整到适当位置，效果如图 2-31 所示。

图 2-30　设置位置

图 2-31　设置效果

提示：

文档中插入图片有两种格式，一种为“嵌入式”，另一种是“浮动式”，“嵌入式”的特点是图片与文字在同一层，整个图片相当于一个字符，嵌入在文字之间，这种图片的格式常常自成一个段落且居中。“浮动式”的特点是图片与文字是分层的，图片与文字之间的位置关系可以有多种选择，有“四周型”“紧密型”“穿越型”“上下型”“衬于文字下文”“浮于文字上方”等。

任务2　文　本　框

（1）光标定位于文档任意处，单击“插入”选项卡→“文本”组→“文本框”下拉按钮，在列表框中，选择“绘制竖排文本框”，手工拖动绘制文本框，输入“VB 程序设计”，设置字符格式：“黑体”“小四”。

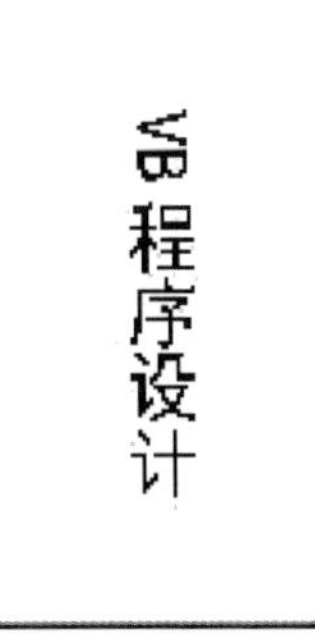

图 2-32　文本框字符格式

（2）单击“开始”选项卡→“段落”组→“水平居中”（文本框的垂直中间）；单击“绘图工具/格式”选项卡→“文本”组→“对齐方式”下拉按钮，在列表框中，选择“居中”（文本框的水平中间），如图 2-32 所示。

（3）选中文本框，单击“绘图工具/格式”→“形状样式”→“形状轮廓”下拉菜单，在快捷菜单中，选择“无轮廓”。

或者选择文本框，单击“绘图工具/格式”→“形状样式”→“设置形状格式”，弹出“设置形状格式”窗格，选择“形状选项”，选择“填充与线条”，在线条区中，选择“无线条”，如图 2-33 所示。

在“设置形状格式”窗格中，选择“布局属性”，选中“根据文字调整形状大小”，如图 2-34 所示。

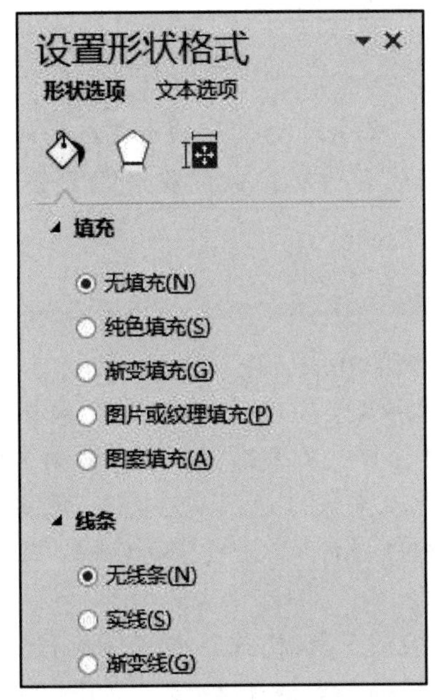

图 2-33　“设置形状格式”窗格（填充及线条设置）

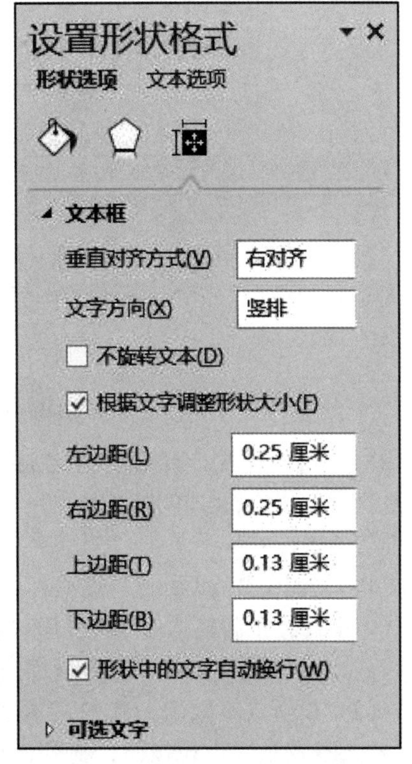

图 2-34　“设置形状格式”窗格（文本框设置）

（4）设置位置　选中文本框，右击，在快捷菜单中，选择“其他布局选项”，弹出

“布局”对话框，定位“位置”选项卡，设置水平对齐方式为“左对齐”，相对于“页边距”，垂直相对位置“10%”，相对于“页边距”，如图 2-35 所示。

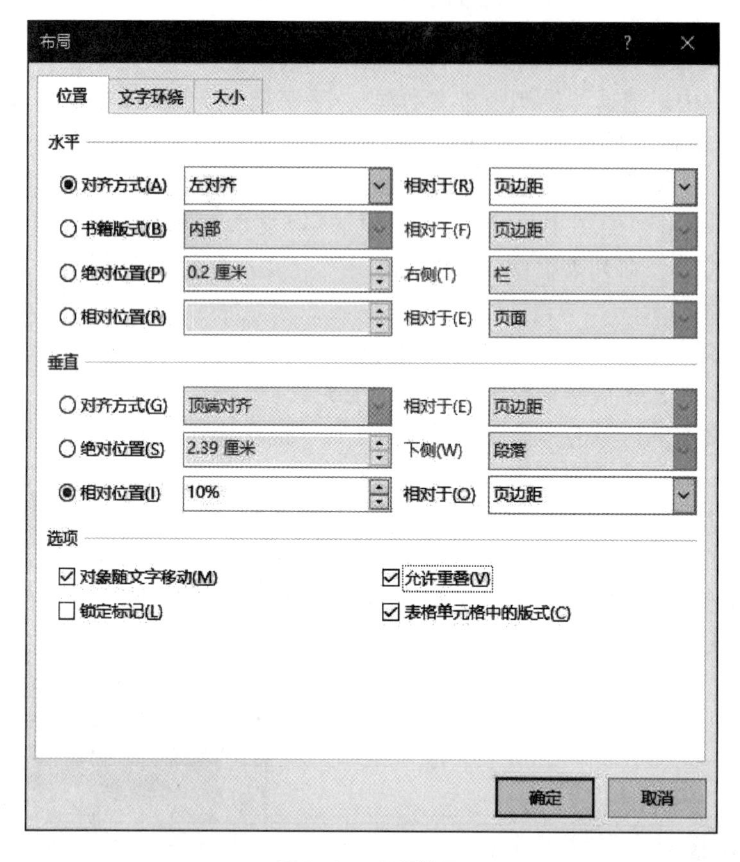

图 2-35 设置位置

（5）设置文字环绕 在“布局”对话框中，定位“文字环绕”选项卡，选择环绕方式“四周型”，自动换行选中“只在右侧”；如图 2-36 所示。设置效果如图 2-37 所示。

任务3 艺 术 字

（1）选择样式 打开“图文混排”文档，定位文档的开头，按“Enter”键，产生一空行，定位空行，单击“插入”→“文本”组→“艺术字”下拉按钮，在艺术字样式列表框的列表样式中，单击“艺术字”下拉按钮，在艺术字样式列表框中，选择“第 2 行第 1 列”，如图 2-38 所示。在光标定位处显示“请在此放置您的文字”文本框，删除文本框内字符，重新输入“VB 程序设计”，选择“VB 程序设计”，设置字符格式：华文新魏，20 号；段落格式：无首行缩进，如图 2-39 所示。

（2）设置文本效果 选中艺术字文本框，单击“绘图工具/格式”→“艺术字样式”组→“文本效果”下拉按钮，在列表框中，选择“转换”→“弯曲/正 V 形”，如图 2-40 所示。

（3）设置布局 选中艺术字方框，单击“绘图工具/格式”→“排列”组→“环绕文字”下拉按钮，在列表框中，选择“嵌入型”。

布局
位置
文字环绕
大小
环绕方式
嵌入型(I)
四周型(Q)
紧密型(T)
穿越型(H)
上下型(O)
衬于文字下方(B)
浮于文字上方(F)
环绕文字
两边(S)
只在左侧(L)
只在右侧(R)
只在最宽一侧(A)
距正文
上(P)
0 厘米
下(M)
0 厘米
左(E)
0.32 厘米
右(G)
0.32 厘米
确定
取消

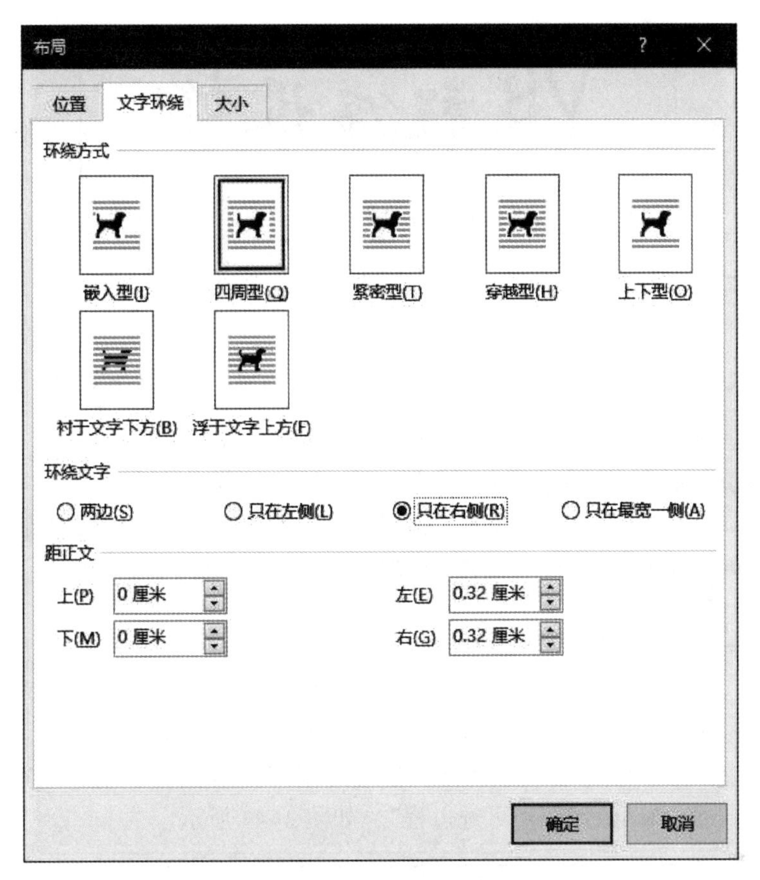

图 2-36　设置文字环绕

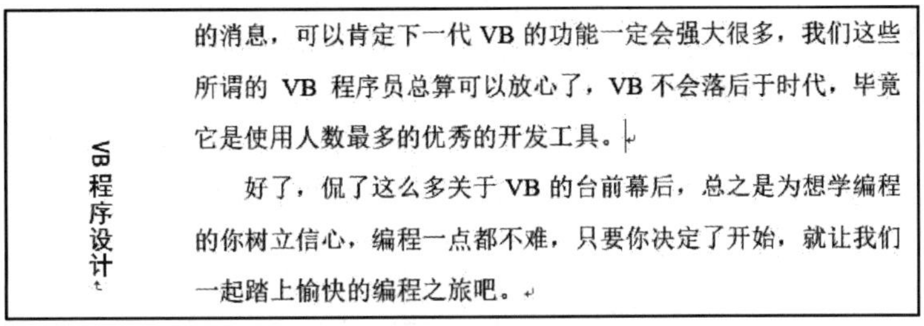

VB 程序设计
的消息，可以肯定下一代 VB 的功能一定会强大很多，我们这些所谓的 VB 程序员总算可以放心了，VB 不会落后于时代，毕竟它是使用人数最多的优秀的开发工具。
好了，侃了这么多关于 VB 的台前幕后，总之是为想学编程的你树立信心，编程一点都不难，只要你决定了开始，就让我们一起踏上愉快的编程之旅吧。

图 2-37　文本框设置效果

渐变填充 - 灰色

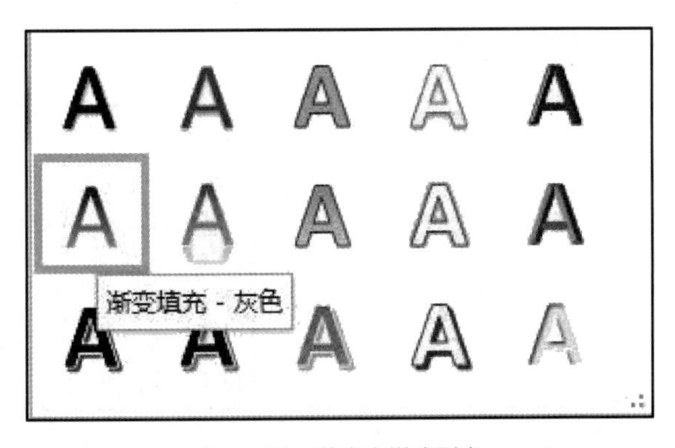

图 2-38　艺术字样式列表

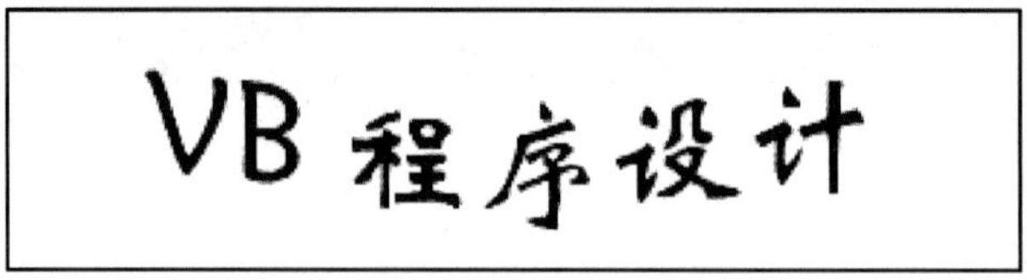

VB 程序设计

图 2-39　艺术字文本框

跟随路径
弯曲
正V形

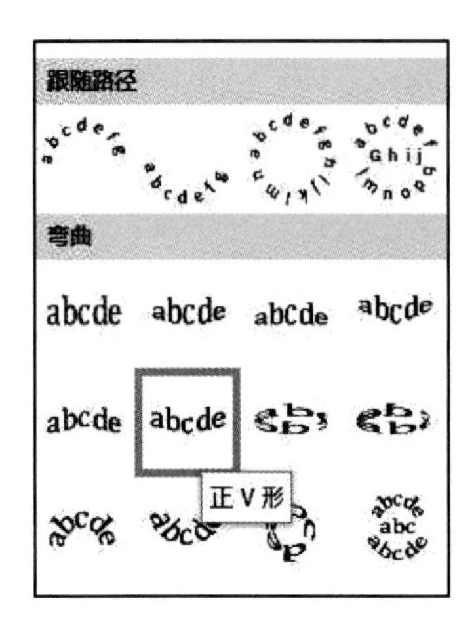

图 2-40　艺术字形状

（4）设置艺术字所在的段落居中，无首行缩进。效果如图 2-41 所示。

任务 4　绘制图形

（1）绘制画布　在文档最后，插入一空行，定位此行，单击“插入”选项卡→“插图”组→“形状”下拉按钮，在列表框中，选择“新建绘图画布”，在文档中显示一块画布，如图 2-42 所示。

（2）绘制图形　选择画布，单击“绘图工具/格式”选项卡→“插入形状”组→“其他”下拉按钮（形状列表框右侧下拉按钮），在形状列表框中，选择“流程图：准备”图形，如图 2-43 所示。在“画布”中绘制图形，同理绘制“流程图：手动输入”“流程图：决策”“流程图：过程”“流程图：可选过程”，如图 2-44 所示。

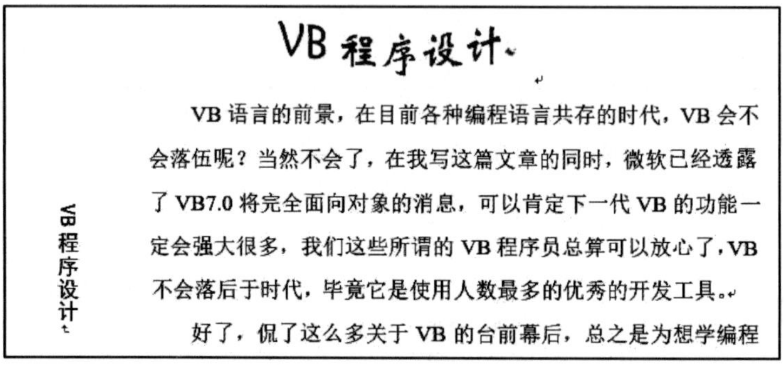

VB 程序设计
VB 语言的前景，在目前各种编程语言共存的时代，VB 会不会落伍呢？当然不会了，在我写这篇文章的同时，微软已经透露了 VB7.0 将完全面向对象的消息，可以肯定下一代 VB 的功能一定会强大很多，我们这些所谓的 VB 程序员总算可以放心了，VB 不会落后于时代，毕竟它是使用人数最多的优秀的开发工具。
好了，侃了这么多关于 VB 的台前幕后，总之是为想学编程
VB 程序设计

图 2-41　艺术字设计效果

图 2-42　绘制画布

流程图
流程图: 准备
星与旗帜

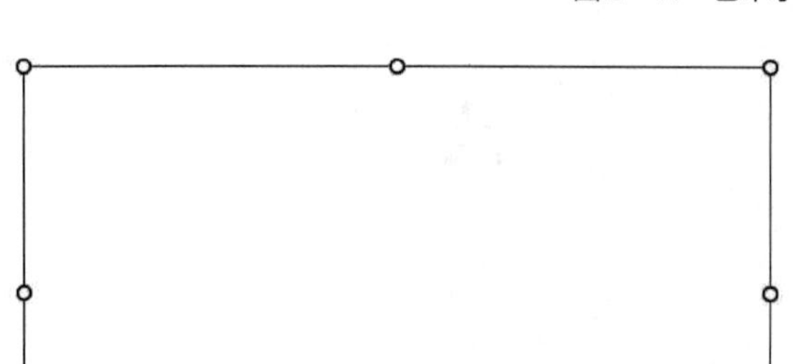

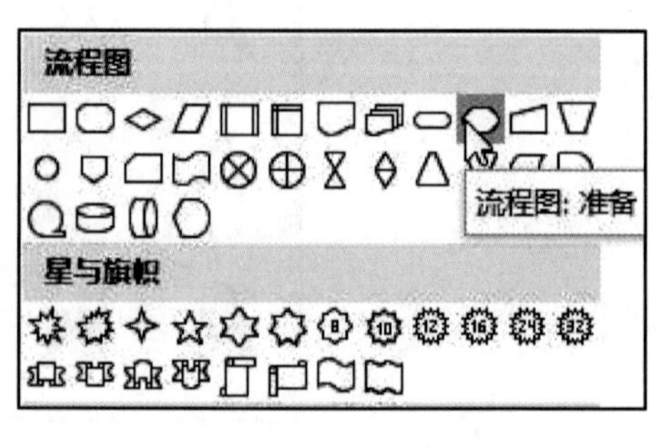

图 2-43　“画布”布局图

（3）设置图形样式　框选所有图形，单击“绘图工具/格式”→“形状样式”组→“形状填充”下拉按钮，在列表框中，选择“无填充颜色”。再单击“形状轮廓”下拉按钮，选择“粗细”→“1/2 磅”。设置效果如图 2-45 所示。

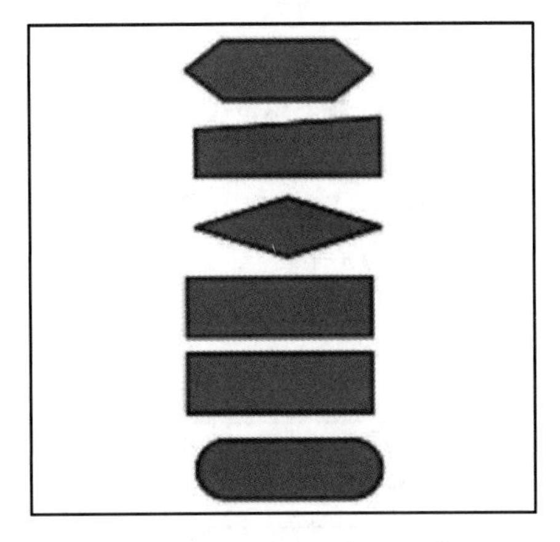

图 2-44　绘制图形“流程图”

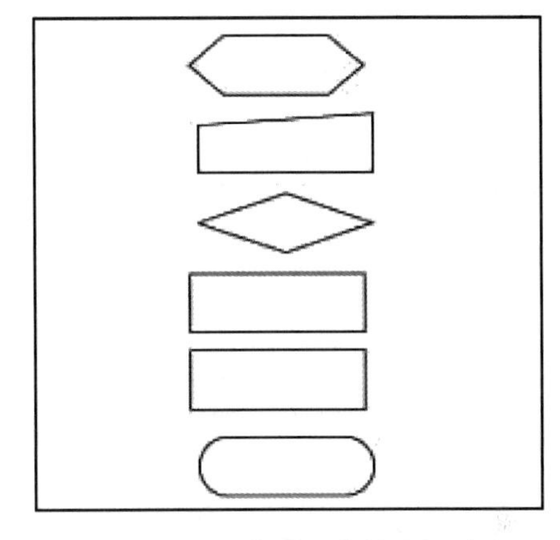

图 2-45　设置“流程图”填充色及粗细

（4）画连接线　选择画布，在“绘图工具/格式”→“插入形状”组中，在图形列表框中选择“箭头”，当鼠标接近图形时，自动捕捉控点，按下鼠标左键，拖动到另一图形，自动捕捉控点后，释放鼠标，完成连接线画法，如图 2-46 所示。

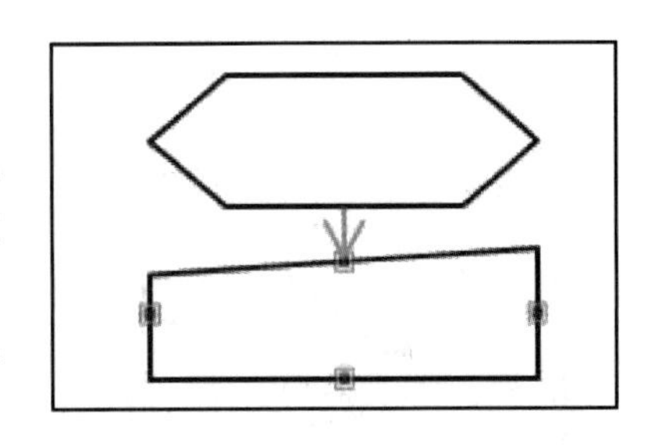

图 2-46　“连接符”端点的捕捉

同理，完成其余“箭头”和“肘形箭头连接符”画法。

全选连接线，单击“绘图工具/格式”→“形状样式”组→“形状轮廓”下拉按钮，在列表框中，选择“箭头”→“箭头样式 5”，如图 2-47 所示。

（5）调整图形大小和位置，调整大小　选中图形，鼠标放在图形控点上，待变为双向箭头时，拖动鼠标，可改变形大小；调整位置：选中图形，按方向键，或者鼠标拖动图形，可调整图形位置；按住“Ctrl”键再按方向键，可微调图形位置。

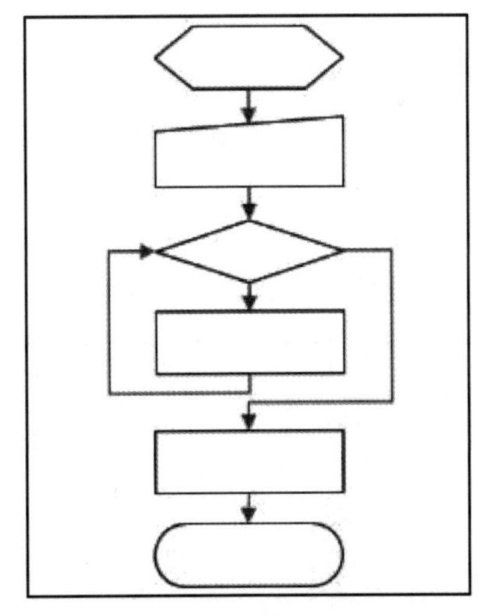

图 2-47　绘制连接符

（6）添加文字　选择“准备”图形，右击，在快捷菜单中，选择“添加文字”。这时光标定位于图形中，输入文字“开始”。选择“开始”文本，设置文字格式：宋体，小五号，黑色（默认颜色为白色，用户输入文字，由于背景为白色，无法显示）；段落格式为无首行缩进，居中对齐。

同理，设置其他图形格式及输入文字，如图 2-48 所示。

（7）添加文本框　选中画布，在画面中插入两个文本框，输入文字，设置文本框“无轮廓”“置于底层”（使文本框不遮挡其他图形），如图 2-49 所示。

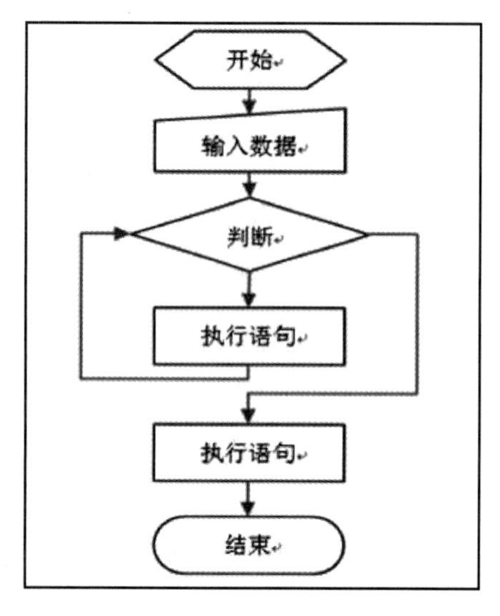

图 2-48 添加文字

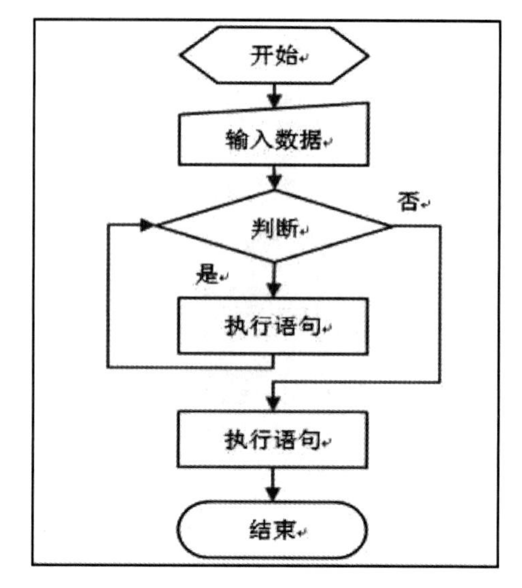

图 2-49 变换图层

提示：

① 设置形状样式时，可直接套用主题样式，快捷设置形状填充与形状轮廓。

② 绘制图形之间连线，“连接符”能自动捕捉图形中点或端点，而且随着图片的移动而始终保持连接。对“连接符”可以拖动“红色”端点，调整“连接符”端点的位置。对“肘形连接符”可以拖动线上“黄色棱形”控点，调整线条的位置。

任务 5 公 式

（1）插入公式文本框 定位公式输入位置，单击“插入”选项卡→“符号”组→“公式”下拉按钮，在列表框中，选择“插入新公式”，在文档中，显示“在此处键入公式。”公式文本框，如图 2-50 所示。

图 2-50 公式文本框

（2）下标模板 定位公式文本框，单击“公式工具/设计”选项卡→“上下标”下拉按钮，在列表框中，选择“下标”，如图 2-51 所示。选择占位符，分别输入“x”和下标“1，2”以及“=”，如图 2-52 所示。

（3）分式模板 定位公式文本框，单击“公式工具/设计”选项卡→“分式”下拉按钮，在列表框中，选择“分数（竖式）”，如图 2-53 所示。定位分子文本框，输入“-b”，单击“公式工具/设计”选项卡→“符号”组，选择“±”字符。

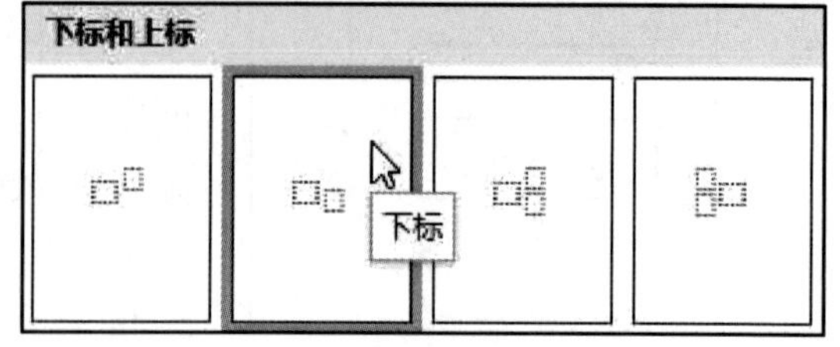

图 2-51 公式文本框

（4）输入根式 单击“公式工具/设计”选项卡→“根式”下拉按钮，在列表框中，选择“平方根”，如图 2-54 所示，输入平方根的内容“b^2-4ac”，如图 2-55 所示。

（5）定位分母，输入“2a”，完成公式输入，如图 2-56 所示。

$$x_{1,2} =$$

图 2-52　输入内容

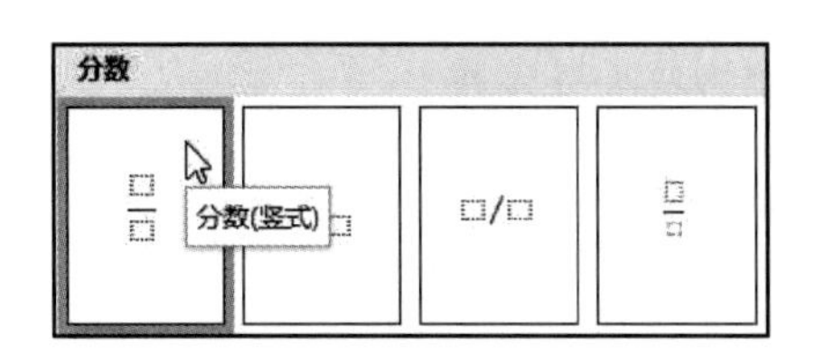

图 2-53　分数选择

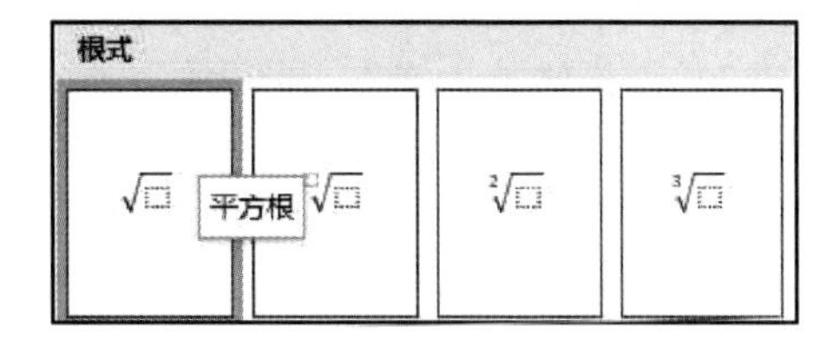

图 2-54　根式选择

$$x_{1,2} = \frac{-b \pm \sqrt{b^2 - 4ac}}{\square}$$

图 2-55　输入根式

$$x_{1,2} = \frac{-b \pm \sqrt{b^2 - 4ac}}{2a}$$

图 2-56　完整公式

项目四　表　　格

表格是文档中一个重要的组成部分，许多内容都需要用表格来表达，绘制并格式化表格显得尤为重要。表格的内容主要包括制作表格、表格公式与排序、表格与文字转换等。

项目内容

任务 1　制 作 表 格

打开“表格”文档，按模板要求，按下列步骤制作课程表。

（1）插入表格　表格大小为 7 行 7 列。

（2）表格属性　设置表格宽度为 14 厘米，居中，无文字环绕；行高度为 1.8 厘米。

（3）边框底纹　表格外边框为 1.5 磅的实线，第 1 行下边框为 1.5 磅的双实线，底纹图样/样式为“10%”。

（4）单元格格式　按模板要求，合并单元格；对齐方式水平居中、垂直居中；G2 合并单元格文字方向为竖排。

（5）建立表头并输入表头文字及格式。

（6）输入字符并格式　输入字符，设置字符格式：字体“宋体”，字号“五号”。

任务 2　表格与文本转换

打开“表格与文本转换”文档，完成下列转换。

（1）文本转化成表格　将文本转换成表格。

（2）表格转换为文本　将表格转换成文本（以制表符为分隔符）。

任务 3　表格公式与排序

打开“表格公式与排序”文档，完成下列操作。

（1）公式　计算表格平均分，保留 1 位小数。

（2）排序　按平均分降序排列。

项目实施

任务 1　制 作 表 格

（1）插入表格　定位文档最后一空行，单击“插入”选项卡→“表格”组→“表格”下拉按钮，在列表框中，拖动到 7 行 7 列，或选择“插入表格”，弹出“插入表格”对话框，调整列数为“7”，行数为“7”，如图 2-57 所示。

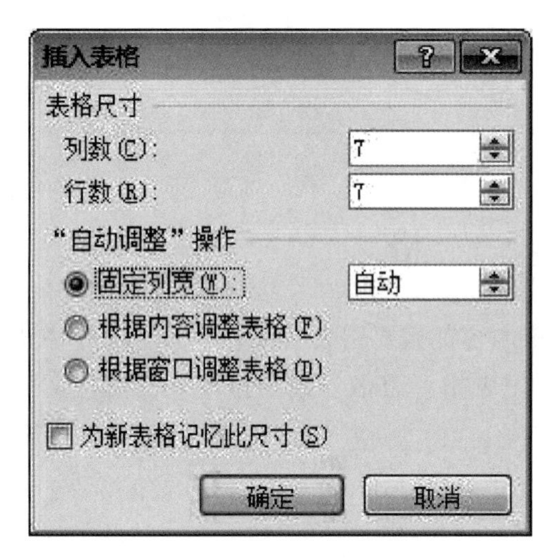

图 2-57　表格设置

（2）表格属性　单击表格左上角的全选标记，选择全表，右击，选择快捷菜单“表格属性”，弹出“表格属性”对话框，定位“表格”选项卡，选中“指定宽度”复选框，输入“14 厘米”，在“度量单位”下拉列表框中选择“厘米”；选择“居中”对齐；“无”文字环绕，如图 2-58 所示。

定位“行”选项卡，选中“指定高度”复选框，在数值框中输入“1.8 厘米”，设置“第 1 行”行高为 1.8 厘米，如图 2-59 所示。单击“下一行”设置其余行行高，同第 1 行，单击“确定”按钮。

（3）边框底纹　设置外边框，选择全表，单击“开始”选项卡→“表格工具/设计”→“边框”组→“边框与底纹”，弹出“边框和底纹”对话框，定位“边框”选项卡，选择“虚框”（外边框），“单实线”“1.5 磅”宽度，如图 2-60 所示，单击“确定”按钮。

设置第 1 行边框与底纹。选择第一行，在“边框”选项卡中，选择“自定义”；“双实线”；“1.5 磅”宽度，在“预览”区域中，单击“下边线”。

设置底纹。定位“底纹”选项卡，在“图案/样式”下拉列表框中，选择“10%”，如图 2-61 所示，单击“确定”按钮。

图 2-58 “表格”选项卡

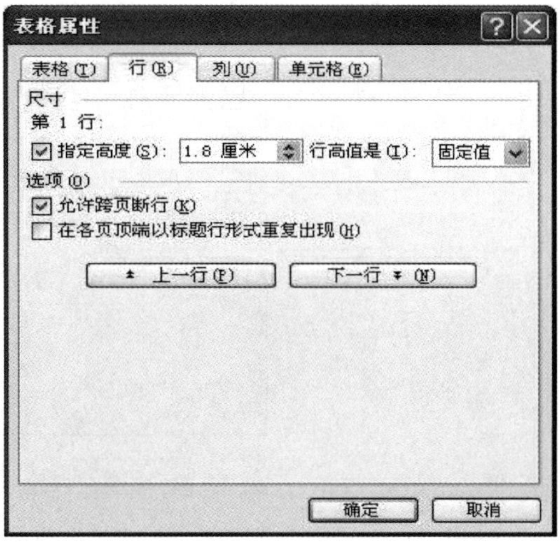

图 2-59 设置行高

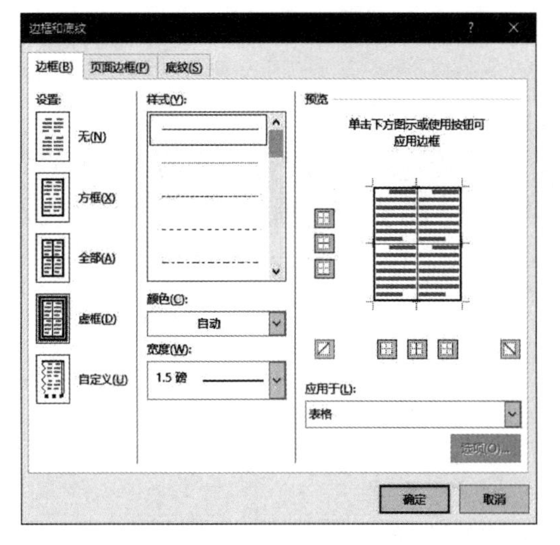

图 2-60 “边框”选项卡

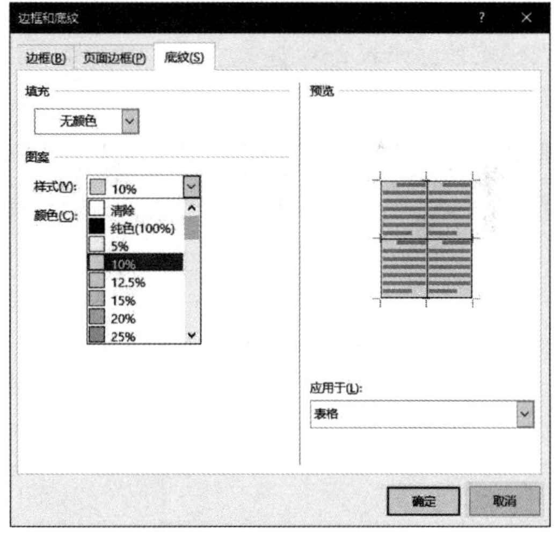

图 2-61 “底纹”选项卡

（4）单元格格式 合并单元格。选择 A4：F4，右击，在快捷菜单中，选择“合并单元格”；同理合并 G2：G7。

对齐。选择全表，单击“表格工具/布局”文选项卡→“对齐方式”组→“水平居中”。

文字方向。选择 G2 合并单元格，单击“表格工具/布局”选项卡→“对齐方式”组→“文字方向”，文字方向变为竖排。

（5）建立表头斜线 选择 A1 单元格，单击“表格工具/设计”选项卡→“边框”组→“边框和底纹”，弹出“边框和底纹”对话框，在“设置”区，选择“自定义”，在“预览”中，单击“右斜线”，在“应用于”下拉文本框中，选择“单元格”如图 2-62

所示，单击“确定”按钮。

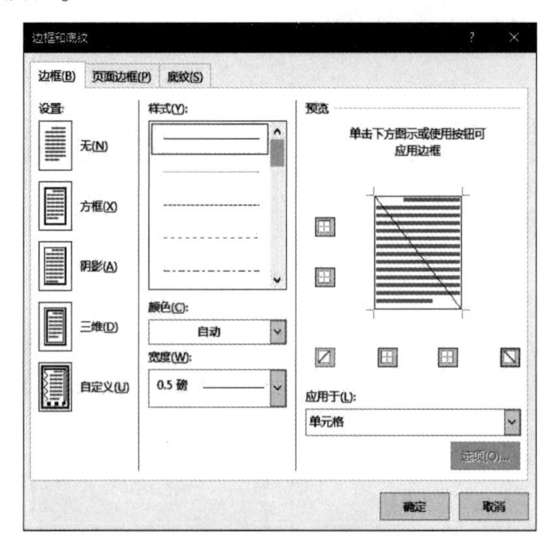

图 2-62　边框和底纹设置

选择 A1 单元格，输入“星期”“节次”两行文本，“星期”右对齐，“节次”左对齐。

（6）输入字符并格式　输入字符，设置字符格式：字体“宋体”，字号“五号”。表格效果，如表 2-4 所示。

表 2-4　　　　表格效果

<table>
<tr><th>星期
节次</th><th>星期一</th><th>星期二</th><th>星期三</th><th>星期四</th><th>星期五</th><th>星期六</th><th>星期日</th></tr>
<tr><td>第 1~2 节</td><td></td><td></td><td></td><td></td><td></td><td colspan="2" rowspan="6">休息</td></tr>
<tr><td>第 3~4 节</td><td></td><td></td><td></td><td></td><td></td></tr>
<tr><td colspan="6">午　休</td></tr>
<tr><td>第 5~6 节</td><td></td><td></td><td></td><td></td><td></td></tr>
<tr><td>第 7~8 节</td><td></td><td></td><td></td><td></td><td></td></tr>
<tr><td>晚自习</td><td></td><td></td><td></td><td></td><td></td></tr>
</table>

任务 2　表格与文本转换

（1）文本转化成表格　选择文本，单击“插入”选项卡→“表格”组→“表格”下拉按钮，在列表框中，选择“文本转换成表格”，弹出“将文字转换成表格”对话框，选中“固定列宽”“逗号”，如图 2-63 所示，单击“确定”按钮。效果如表 2-5 所示。

表 2-5　　　　文本转换为表格效果

姓名	性别	英语	数学	语文
张斌	女	86	80	75
李华	男	80	90	86
陈宏	男	76	70	90
张峰	男	68	84	98

（2）表格转换为文本　选定表格，单击“表格工具/布局”→“数据”组→“转换为文本”，弹出“表格转换成文本”对话框，选中“制表符”，如图 2-64 所示，单击“确定”按钮。效果如图 2-65 所示。

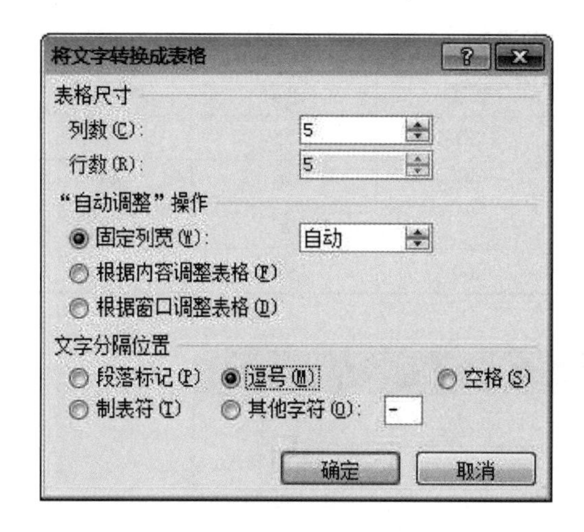

图 2-63　“将文字转换成表格”对话框

图 2-64　“表格转换成文本”对话框

姓名	性别	英语	数学	语文
李兰	女	86	85	74
李山	男	80	90	75
蒋宏	男	76	70	83
张文峰	男	58	84	71
黄霞	女	46	83	74

图 2-65　表格转换为文本

任务 3　表格公式与排序

（1）公式　选择 F2 单元格，单击“表格工具/布局”→“数据”组→“公式”，弹出“公式”对话框，自动填充“=”号。

单击“粘贴函数”下拉按钮，在列表框中，选择“AVERAGE”，填充到公式文本框中，手动输入参数“Left”，输入编号格式“0.0”（或从下拉列表框中，选择“0.00”，再删除一个“0”），如图 2-66 所示，单击“确定”按钮。

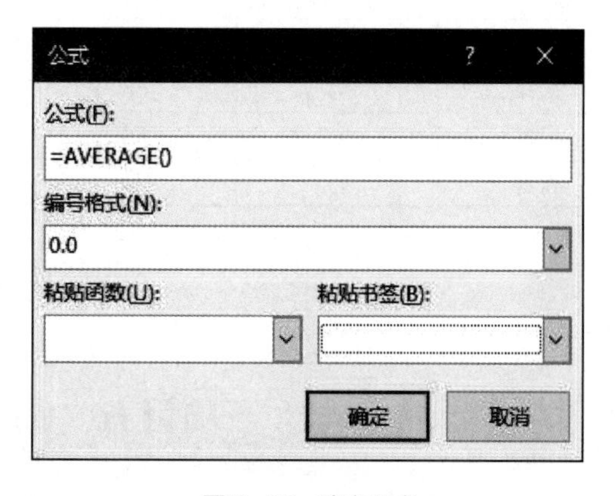

图 2-66　建立公式

其余单元格公式，可采用复制粘贴方式填充公式，填充后，选择单元格，右击，在弹出快捷菜单中，选择“更新域”，单元格的数据随之更新，其快捷键为“F9”。效果如表 2-6 所示。

（2）排序　选择表格，单击“表格工具/布局”→“数据”组→“排序”，弹出“排序”对话框，选中“有标题行”，从“主要关键字”下拉列表框中，选择“平均分”；从“类型”下拉列表框中，选择“数字”选中“降序”，如图 2-67 所示，单击“确定”按钮。效果如表 2-7 所示。

表 2-6　单元格数据更新

姓名	性别	英语	数学	语文	平均分
张斌	女	86	80	75	80.3
李华	男	80	90	86	85.3
陈宏	男	76	70	90	78.7
张锋	男	68	84	98	83.3

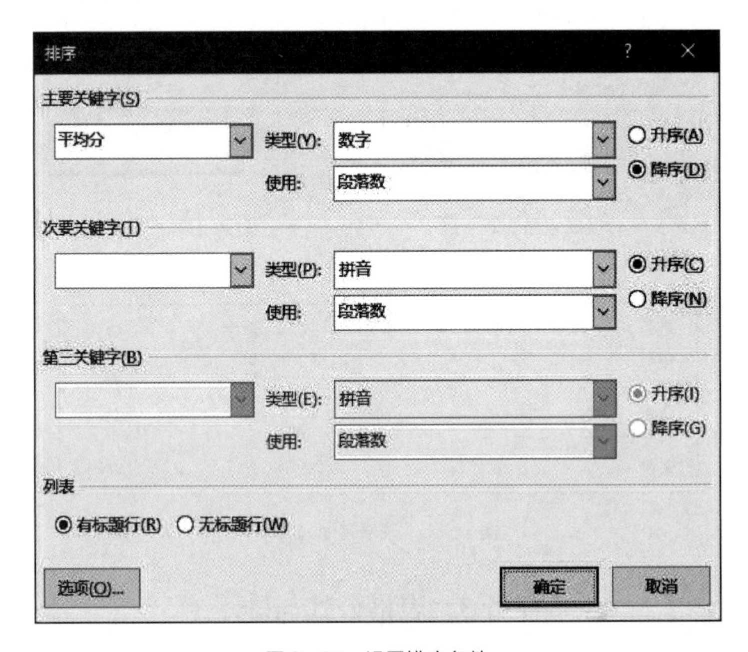

图 2-67　设置排序条件

表 2-7　表格排序效果

姓名	性别	英语	数学	语文	平均分
李华	男	80	90	86	85.3
张锋	男	68	84	98	83.3
张斌	女	86	80	75	80.3
陈宏	男	76	70	90	78.7

项目五　高级操作

通过本项目操作，掌握页面设置内容，样式的使用以及邮件合并的应用。本项目主要包括邮件合并、样式多级编号、应用标题样式和页面布局。

项目内容

任务1　邮 件 合 并

主文档“成绩单”，数据源“成绩表”，邮件合并生成单个新文档“成绩通知单”。

任务2　样　　式

打开“论文”文档，修改标题样式。

（1）标题1　字体：黑体、加粗、三号；段落：居中、大纲级别1级，无首行缩进，段前段后间距17磅，单倍行距。

（2）标题2　字体：黑体、小三号；段落：居中、大纲级别2级，无首行缩进，段前段后间距13磅。

（3）标题3　字体：黑体、四号；段落：两端对齐、大纲级别3级、无首行缩进，段前段后间距13磅。

任务3　多 级 编 号

打开“论文”文档，建立多级编号并链接标题样式。

（1）1级编号　第1章（“第”和“章”输入，“章”字后空两空格），编号样式1，2，3，…，起始编号1，编号位置为左对齐、对齐位置为0，缩进位置为0，将级别链接到样式：标题1，编号之后：不特别标注。

（2）2级编号　1.1（编号之后空两空格），编号样式1，2，3，…，起始编号1，编号位置为左对齐、对齐位置为0，缩进位置为0，将级别链接到样式：标题2，编号之后：不特别标注。

（3）3级编号　1.1.1（编号之后空两空格），编号样式1，2，3，…，起始编号1，编号位置为左对齐、对齐位置为0，缩进位置为0，将级别链接到样式：标题3，编号之后：不特别标注。

任务4　应用标题样式

打开“论文”文档，各级标题应用对应的标题样式。

任务5　页 面 布 局

打开“论文”文档，完成以下操作。

（1）页面设置　纸张大小“A4”,；上下页边距“2.54cm”、左右边距“3.17cm”；页眉“1.5cm”、页脚“1.5cm”。

（2）封面页　自为一节，无页眉页脚。

（3）摘要页（第2节）　自为一节，无页眉；页脚“Ⅰ，Ⅱ，Ⅲ…”，起始页码为“Ⅰ”，字体“宋体”，字号“小五”，段落格式“居中”，特殊格式“无”。

（4）目录面　自为一节，无页眉；页脚“Ⅰ，Ⅱ，Ⅲ…”，起始页码为“Ⅰ”，字体“宋体”，字号“小五”，段落格式“居中”，特殊格式“无”。

（5）正文页　所有正文自为一节，页脚“第 1 页　共 1 页”，起始页码为“1”，字体“宋体”，字号“小五”，段落格式“居中”。页眉字符“宇宙大学 2020 届毕业论文”，字体“黑体”，字号“小五”，段落格式“居中”，特殊格式“无”。

任务 6　目　　录

打开“论文. docx”文档，插入目录。

项目实施

任务 1　邮件合并

（1）选择邮件合并类型　打开“成绩单”文档，单击“邮件”选项卡→“开始邮件合并”组→“开始邮件合并”下拉按钮，在列表框中，选择“信函”或“普通 Word 文档”。

（2）链接数据源　单击“邮件”选项卡→“开始邮件合并”组→选择“收件人”，下拉按钮，选择“使用现有列表”，弹出“选取数据源”对话框，选择“成绩表”，单击“打开”。

（3）插入域　将插入点移到主文档“同学”左边，单击“邮件”选项卡→“编写和插入域”组→“插入合并域”下拉按钮，在“域”列表中，选择“姓名”，如图 2-68 所示。同理插入其余成绩的域，插入域后主文档的效果如图 2-69 所示。

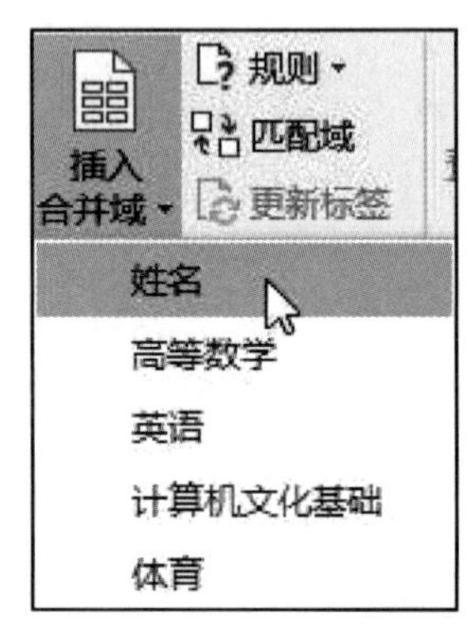

图 2-68　插入合并域“姓名”

成绩通知单

«姓名»同学：

你上学期的各科成绩如下：

高等数学：«高等数学»　　英语：«英语»

计算机文化基础：«计算机文化基础»　　体育：«体育»

需要补考的同学，请认真复习，补考定于下学期第 3 周周六进行。

祝同学们假期愉快！

图 2-69　插入域后主文档的效果图

（4）预览结果　单击“邮件”选项卡→“预览结果”组→“预览结果”，显示邮件合并预览结果，如图 2-70 所示。再次单击关闭“预览”，返回编辑状态。

（5）保存文档　单击“邮件”选项卡→“完成”组→“完成并合并”下拉按钮，在列表框中，选择“编辑单个文档”，弹出“合并到新文档”对话框，选择“全部”，如图 2-71 所示，单击“确定”按钮，生成“信函 1”邮件合并文档，另存为“成绩通知单”。

任务 2　样　　式

（1）标题 1　在“开始”选项卡→“样式”组的样式列表框中，选择“标题 1”样

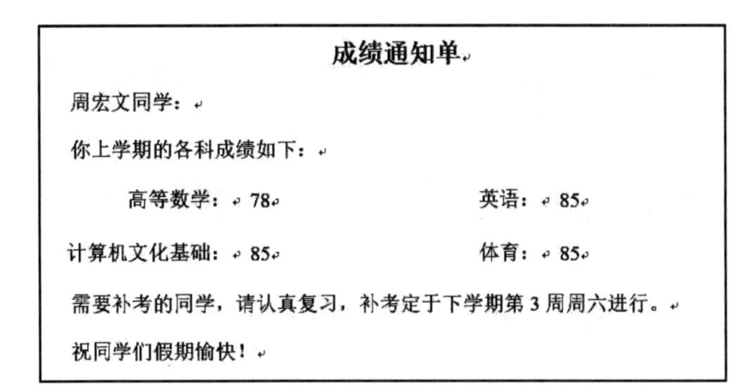

成绩通知单

周宏文同学：

你上学期的各科成绩如下：

高等数学：78　　英语：85

计算机文化基础：85　　体育：85

需要补考的同学，请认真复习，补考定于下学期第 3 周周六进行。

祝同学们假期愉快！

图 2-70　第一条记录合并的数据

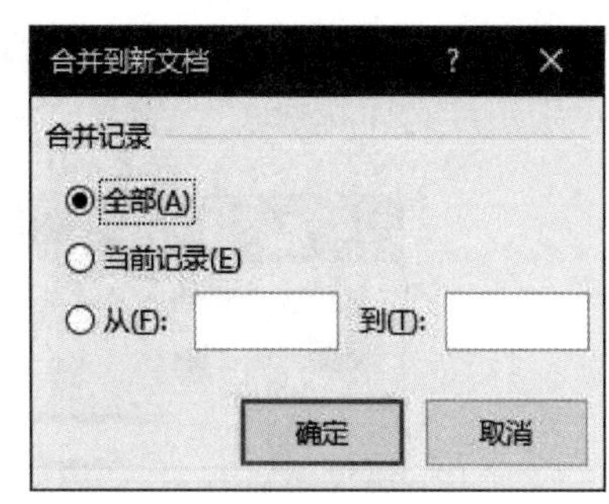

图 2-71　“合并到新文档”对话框

式，右击，在快捷菜单中，选择“修改”，弹出“修改样式”对话框，设置字体格式：黑体、三号、加粗；单击“格式”→“段落”，弹出“段落”对话框，设置大纲级别 1 级，无首行缩进，段前段后间距 17 磅，单倍行距，如图 2-72 所示。

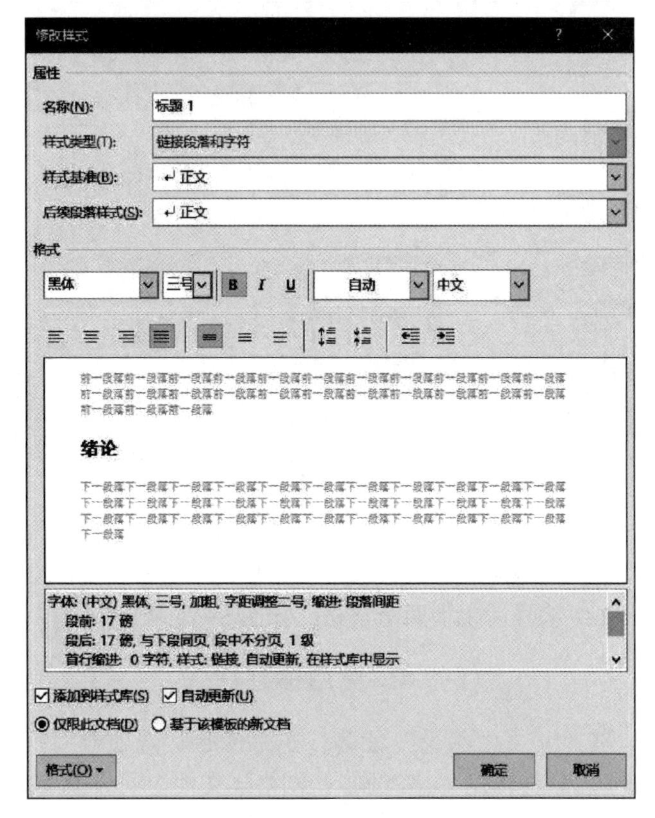

图 2-72　修改标题样式

（2）标题 2　同理修改“标题 2”样式格式。

（3）标题 3　同理修改“标题 3”样式格式。

任务 3　多级编号

（1）1 级编号　单击“开始”选项卡→“段落”组→“多级列表”下拉按钮，选择“定义新的多级列表”，弹出“定义新的多级列表”对话框。单击“更多”按钮，选择级别“1”，编号格式：第 1 章（“第” 和 “章” 直接输入，章后加两个空格），编号样式 1，2，3，…，起始编号 1，编号位置为 “左对齐”、对齐位置为 0，缩进位置为 0，将级别链接到 “标题 1”，编号之后：“不特别标注”，如图 2-73 所示。

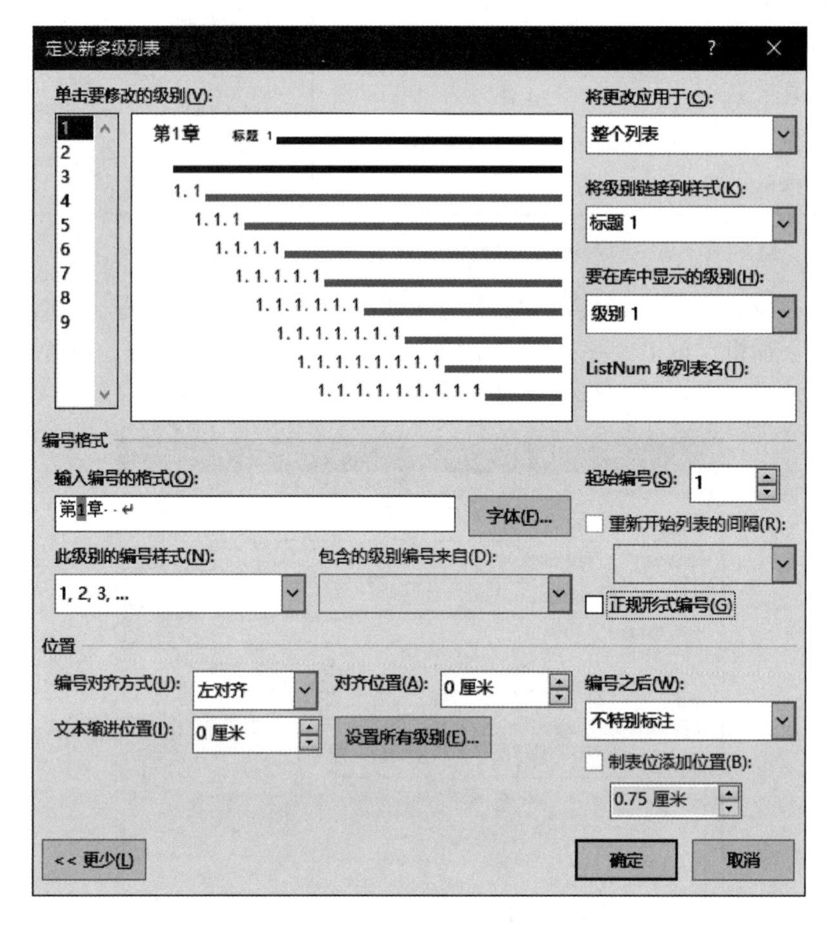

图 2-73 定义 1 级编号

（2）2 级编号 定义 2 级编号。2 级编号后也加两个空格，如图 2-74 所示。

（3）3 级编号 3 级编号后也加两个空格，如图 2-75 所示。

任务 4 应用标题样式

应用标题样式，选择正文 “绪论” 段落，在 “开始” 选项卡→“样式” 组中的样式列表中，选择 “标题 1”，再使用 “格式刷”，刷格式文档中同级段落标题。

同理，应用标题 2、标题 3 样式。效果如图 2-76 所示。

任务 5 页 面 布 局

（1）页面设置 单击 “页面布局” 选项卡→“页面设置” 组→“页面设置” 按钮，弹出 “页面设置” 对话框。自动定位 “页边距” 选项卡，设置页边距，如图 2-77 所示。

选择 “纸张” 选项卡，设置纸张大小 “A4”。

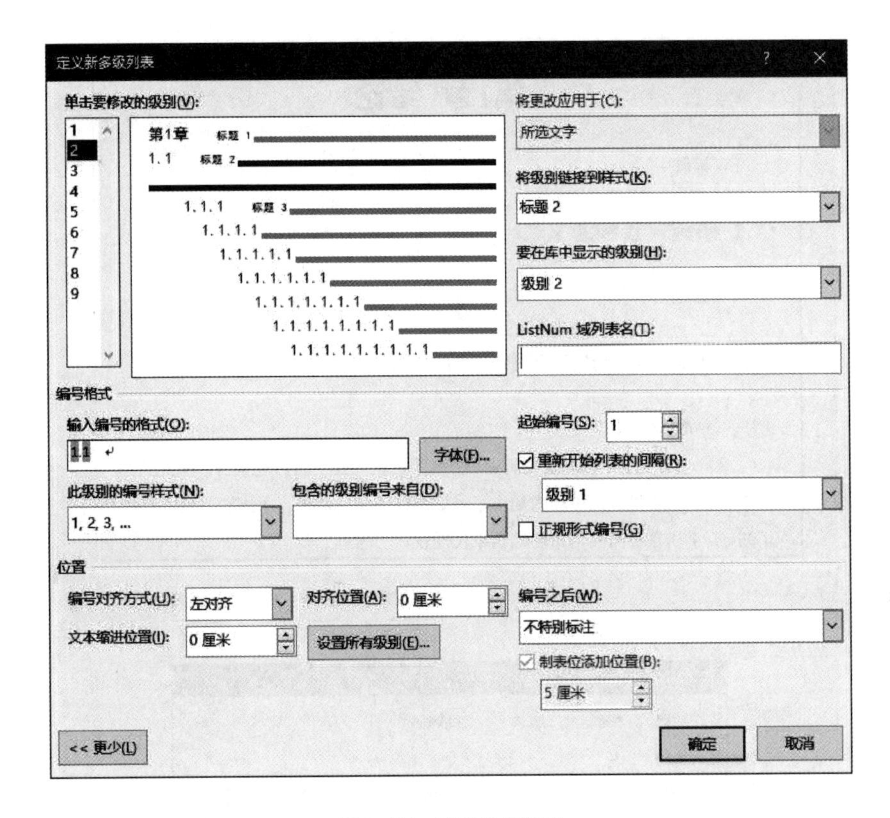

图 2-74 定义 2 级编号

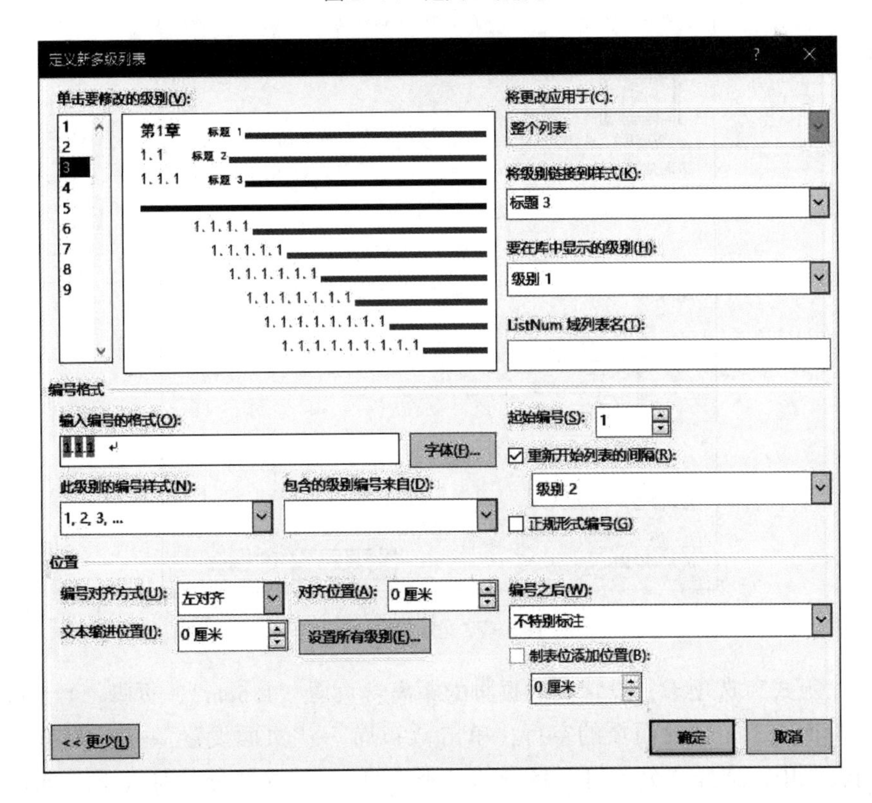

图 2-75 定义 3 级编号

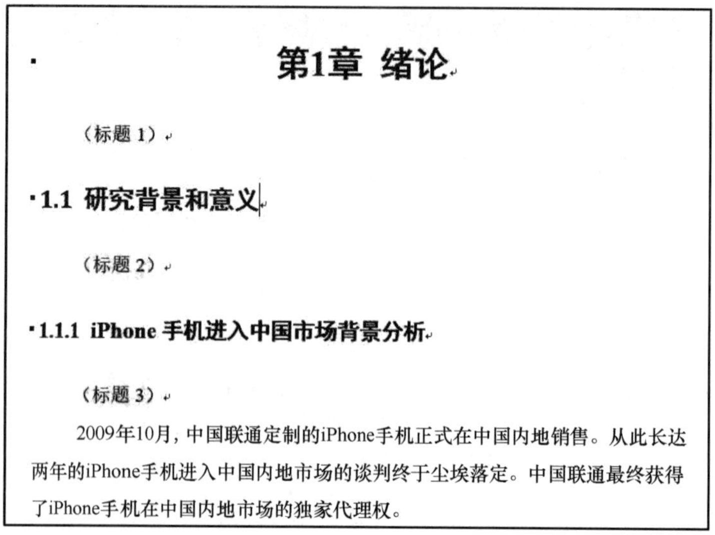

第1章 绪论

（标题 1）

1.1 研究背景和意义

（标题 2）

1.1.1 iPhone 手机进入中国市场背景分析

（标题 3）

2009年10月，中国联通定制的iPhone手机正式在中国内地销售。从此长达两年的iPhone手机进入中国内地市场的谈判终于尘埃落定。中国联通最终获得了iPhone手机在中国内地市场的独家代理权。

图 2-76 应用标题样式效果

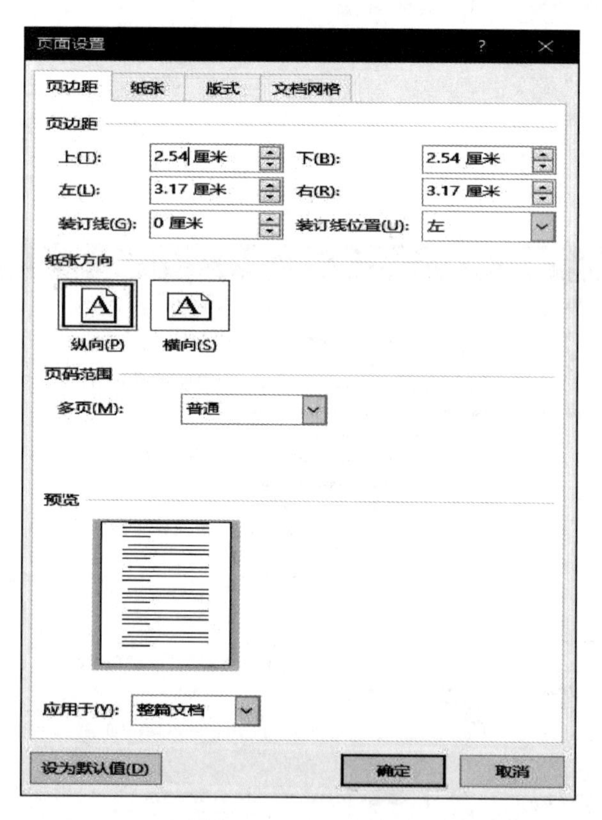

图 2-77 页边距设置

选择“版式”选项卡，设置页眉页脚的距离：页眉“1.5cm”、页脚“1.5cm”。

（2）封面页　定位封面页的空行，单击“布局”→“页面设置”→“分隔符”下拉按钮，在列表框中，选择“分节符”区中的“下一页”，插入“分节符（下一页）”。封面页不设置页眉页脚，如果原页眉有一条下划线，即下边框线，通过“边框与底纹”对话框，可删除。

（3）摘要页　定位摘要页的空行，插入“分节符（下一页）”。光标定位摘要任一位置，单击“插入”选项卡→“页眉页脚”组→“页脚”下拉按钮，在列表框中，选择“编辑页脚”，打开“页眉和页脚”编辑窗口。

由于摘要节与前一节页脚格式不同，需要断开与前一节的链接，单击“页眉和页脚工具/设计”选项卡→“导航”组→“链接到前一条页脚”，断开与前一节页脚的链接。

单击“页眉和页脚工具/设计”选项卡→“页眉页脚”组→“页码”下拉按钮，在列表框中，选择“当前数字”→“普通数字 1”，设置页脚字体“宋体”，字号“小五”，段落“居中”，特殊格式“无”。

单击“页眉和页脚工具/设计”选项卡→“页眉页脚”组→“页码”下拉按钮，在列表框中，选择“设置页码格式”，弹出“页码格式”对话框，设置编号格式Ⅰ，Ⅱ，Ⅲ，…，起始页码为“Ⅰ”，如图 2-78 所示，设置效果，如图 2-79 所示。

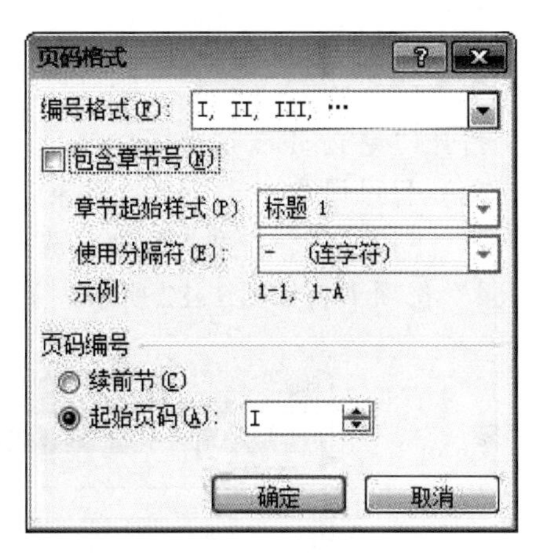

图 2-78　设置页码格式

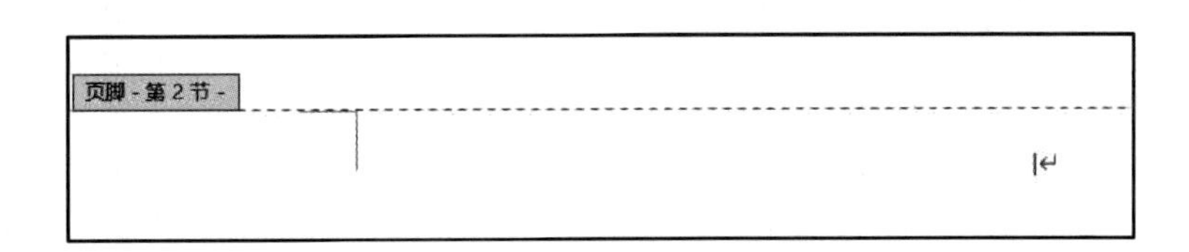

图 2-79　页码效果

（4）目录页　目录页与摘要页设置相同。

（5）正文页　设置页脚。定位正文页面，单击“页眉和页脚工具/设计”选项卡→“页眉页脚”组→“页码”下拉按钮，在列表框中，选择“当前数字”→“X/Y 加粗显示的数字”（X 表示页码，Y 表示总页数），修改页脚字符为“第 1 页　共 9 页”，设置字体“宋体”，字号“小五”，段落格式“居中”，特殊格式“无”设置效果，如图 2-80 所示。

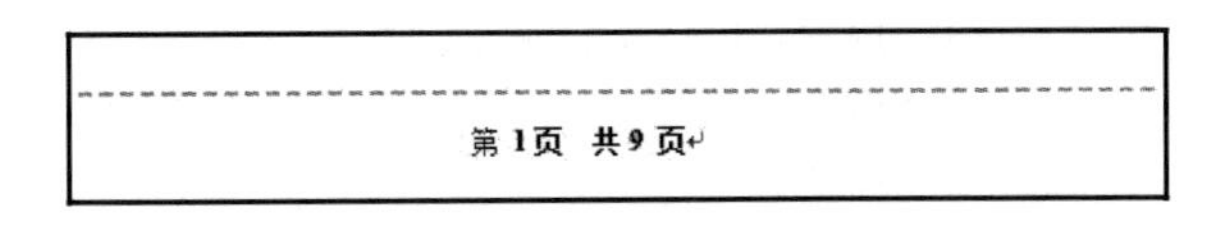

图 2-80　页脚设置效果

设置页眉。单击单击“页眉和页脚工具/设计”选项卡→“导航”组→“转到页眉”，光标定位于页眉，单击“页眉和页脚工具/设计”选项卡→“导航”组→“链接到前一条页眉”，断开与前一节页眉的链接；输入“宇宙大学 2020 届毕业论文”，设置字体“黑体”，字号“小五”，段落格式“居中”，特殊格式“无”。效果如图 2-81 所示。

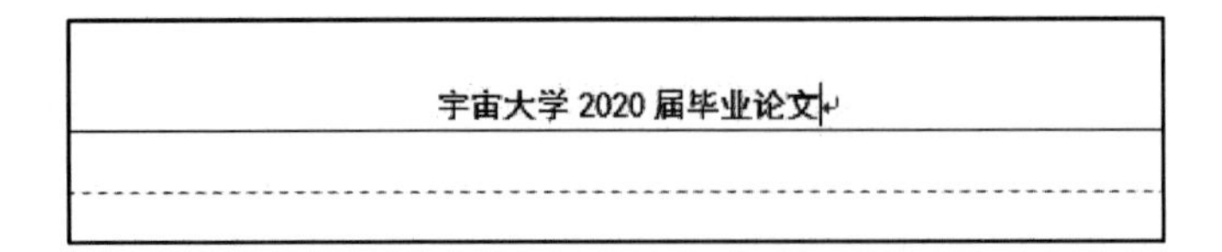

图 2-81　页眉设置效果

任务 6　目　　录

打开“论文. docx”文档。

(1) 目录设置　定位于“目录”行下一行，单击“引用”选项卡→“目录”组→“目录”下拉按钮，在列表框中，选择“插入目录”，弹出“目录”对话框，自动定位“目录”选项卡，如图 2-82 所示。单击“确定”按钮，设置效果，如图 2-83 所示。

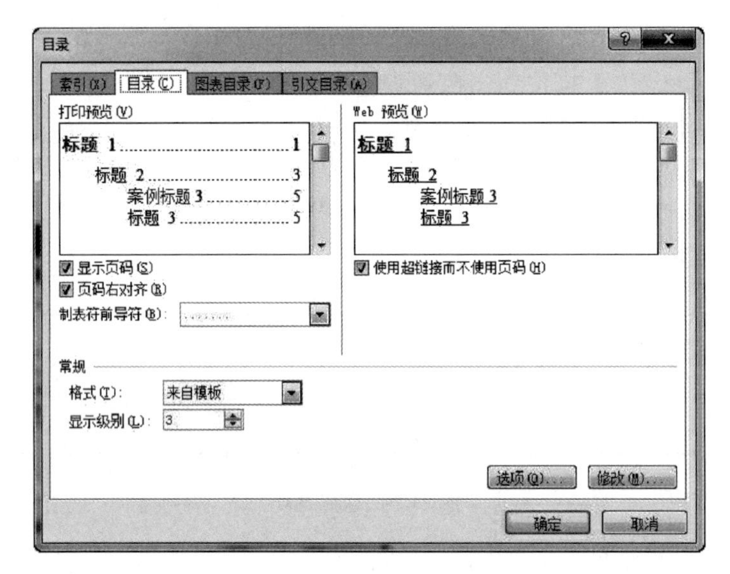

图 2-82　“目录”对话框

目录

第 1 章 绪论（标题 1） 1

1.1 研究背景和意义（标题 2） 1

1.1.1 iPhone 手机进入中国市场背景分析（标题 3） 1

1.1.2 本课题研究意义（标题 3） 1

1.2 文献综述（标题 2） 2

1.2.1 国内研究（标题 3） 2

1.2.2 国外研究（标题 3） 2

参考文献： 4

致谢 5

图 2-83　“目录”效果

（2）更新目录　当文档内容及页码发生变化时，需要更新目录，更新目录的方法是：选中“目录”，右击，选择快捷菜单“更新目录”，弹出“更新目录”对话框，可以选择“只更新页码”或者“更新整个目录”单选按钮，如图2-84所示，单击“确定”按钮。

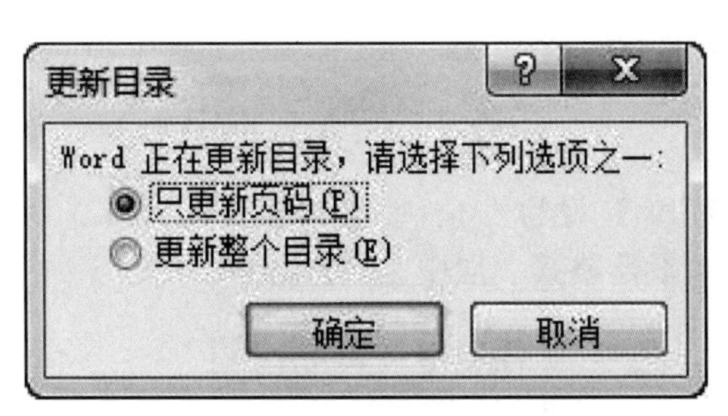

图2-84　“更新目录”对话框

项目六　Word 综合实训

打开“综合实训”文档，完成下列操作。

任务1　查找和替换

在段落“1946年……生活之中。”中，查找“计算机”字符，设置格式为“隶书”，加双波浪线的“下划线”。

任务2　编　　号

按文档要求，添加编号。

（1）添加圆点编号“1.”，格式为左对齐，对齐位置为2字符，制表符位置为4字符，无缩进。字形加粗，段前段后5磅。

（2）编号圆括号编号“（1）”，格式为左对齐，对齐位置为2字符，制表符位置为4字符，缩进位置4字符，段前段后3磅。

任务3　首 字 下 沉

将段落“第一代计算机……操作极其困难。”首字下沉，字体为黑体，下沉3行。

任务4　分　　栏

将段落“第二代计算机……大大提高了计算机的工作效率。”平分为两栏，间距4字符，并加分隔线。

任务5　格式化表格

“根据窗口调整表格”大小，外边框为2.25磅的双实线，内边框为1磅的虚线。除表头外，单元格上下左右居中对齐。整个表格无文字环绕，居中对齐，设置斜线表头，设置表头格式。表格第1行加“白色，背景1，深色15%”底纹，字符加粗。

任务6　图　　形

按照文档模板，绘制图形。

任务7　插入艺术字

标题“计算机基础知识”设为艺术字，艺术字库为2行3列，字体“黑体”，字号“36”，版式“嵌入型”，段落格式“居中”，特殊格式“无”。

任务8　页面设置

（1）设置纸张大小“16开”，上下边距“2厘米”，左右边距“3厘米”。

（2）页眉页脚设置　在奇数页页眉中插入文字“计算机文化基础”，左对齐；偶数页页眉中插入“上机实训”，右对齐。插入页脚“第1页”，位于页脚的外侧，页眉页脚字体“黑体”，字号“小五”，段落格式“居中”，特殊格式“无”。

MODULE

3

模块三

Excel 2016 基本操作

本模块基本操作包括工作表编辑、格式设置，公式与函数以及数据表的应用。

项目一　工作表编辑

本项目内容包括工作表重命名、数据输入、数据填充、数据验证以及转置。

项目内容

打开“表格编辑”工作簿，完成以下操作。

任务1　工作名重命名

选择“Sheet1”工作表，将标签“Sheet1”重命名为“工资表”。

任务2　数据输入

选择“数据输入”工作表，按照模板数据，输入在对应的单元格中。

任务3　数据填充

选择“数据填充”工作表，完成下列数据填充操作。

（1）自动填充　在 B2∶B11 单元格区域填入“神舟 001 号”~“神舟 010”编号。

（2）等差填充　在 C2∶C11 填入 1、3、5、7 等连续的单数。

（3）等比填充　在 D2∶D11 填入 1、2、4、8、16……初值为 1、公比为 2 的等比数列。

任务4　数据验证

选择“数据验证”工作表，设置 E2∶E12 单元数据验证，允许整数介于 450~600，选定单元格，显示输入信息框，信息框的标题为：“输入信息”；信息框显示内容即输入信息：“请输入450~600之间整数!”；输入无效数据时，显示警告框，警告框的样式为“停止”；警示框标题：“输入有误”；警告框显示内容即错误信息：“超出有效数值450~600整数范围”。

任务5 转　　置

选择“转置”工作表，复制A1∶B5单元区域数据，转置粘贴到以D1开始的单元格区域。

项目实施

任务1 工作表重命名

选择工作表“Sheet1”标签，右击，在快捷菜单中，选择“重命名”，在标签文本框中，输入“工资表”，按“Enter”键。

任务2 数据输入

(1) 纯数据型文本数据输入　“工号”是纯数字组成的文本型数据，两种输入方法：

方法1：先输入一个英文状态下的单引号作为引导符，再输入对应的数字，单引号引导符相当于数字转化为字符的功能。

方法2：先设置输入区域的数据类型为“文本”，再输入数据。

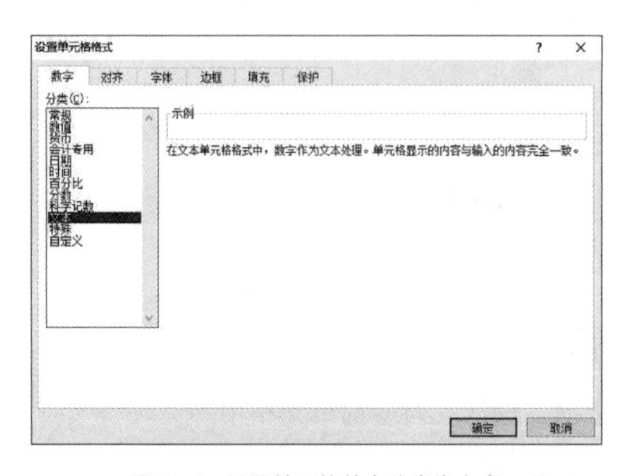

图3-1　设置单元格数字分类为文本

设置单元区为文本类型的方法。选中输入数据的单元区域，单击“开始”选项卡→“数字”组→“数字”按钮，弹出“设置单元格格式”对话框，自动定位“数字”选项卡，在“分类”列表框中选择“文本”，如图3-1所示，单击“确定”按钮。

(2) 文本数据输入“姓名”是文本型字符，直接输入。

(3) 逻辑数据输入“党员否”是逻辑型字符，逻辑型数据只有两个值，TRUE和FALSE，直接输入，输入时不区分大小写，计算机自动转换为大写。

(4) 日期/时间数据输入　“出生日期”是日期型数据，对日期型数据一般按照“年-月-日”顺序输入，中间分隔符可为“/”或“-”号（显示日期型数据，中间分隔符“/”或“-”号，由操作系统决定）。

(5) 数值数据输入　“工资”为数值型，直接输入。

任务3 数据填充

(1) 自动填充　选择“B2”单元格，按住“填充柄”往下拖动，拖动过程中，鼠标右下角显示填充数据，达到“神舟 010”为止（对最后一组数字递增加 1，其余字符为复制），如图 3-2 所示。

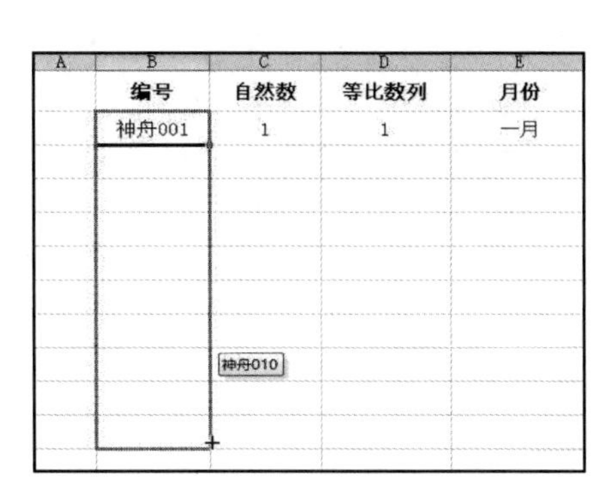

图 3-2　自动填充

（2）等差填充　选择 C3 单元格，输入 3，选中 C2：C3，按住“填充柄”，往下拖动，拖到“C11”单元格为止（以两单元格的差值进行等差填充）。

（3）等比填充　选择 D2：D11 单元区域，单击“开始”选项卡→“编辑”组→“填充”下拉按钮，在列表框中，选择“系列”，弹出“序列”对话框，选中“列”，选中“等比序列”，在“步长值”文本框中输入“2”，如图 3-3 所示，单击“确定”。

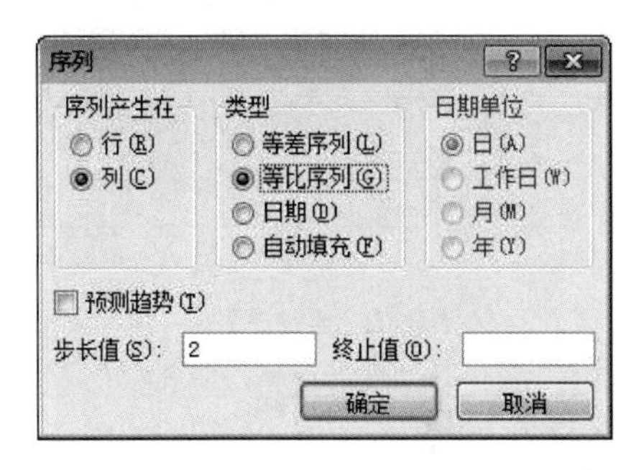

图 3-3　等比填充

任务 4　数 据 验 证

（1）设置有效性条件　选中 E2：E12 单元格区域，单击“数据”选项卡→“数据工具”组→“数据验证”下拉按钮。在列表框中，选择“数据验证”，弹出“数据有效性”对话框，定位“设置”选项卡，在“允许”列表框中选择“整数”，在“数据”列表框中选择“介于”，在“最小值”文本框中输入“450”，在“最大值”文本框中输入“600”，如图 3-4 所示。

（2）输入信息　选择“输入信息”选项卡，在“标题”文本框中输入“输入提示：”，在“输入信息”文本框中输入“请输入 450~600 之间整数！”，如图 3-5 所示。

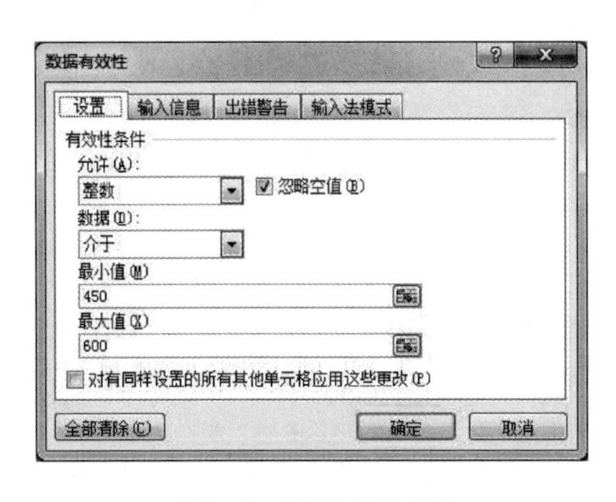

图 3-4　数据有效性设置

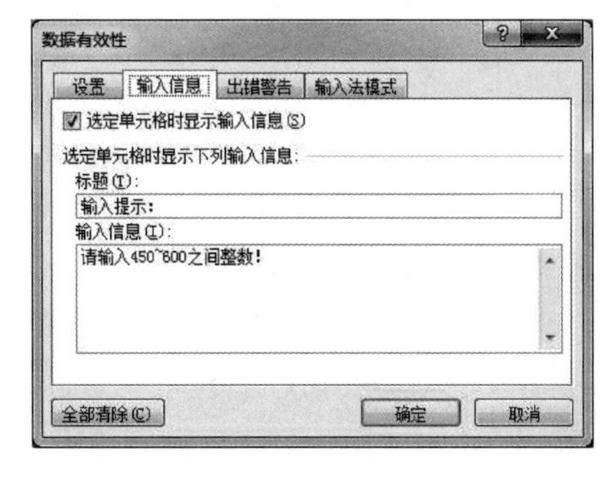

图 3-5　提示信息

（3）出错警告　选择“出错警告”选项卡，在“标题”文本框中输入“出错警告”，在“错误信息”文本框中输入“超出有效数值 450~600 整数范围”，如图 3-6 所示，当“设置”“输入信息”“出错警告”设置完毕后，单击“确定”按钮。

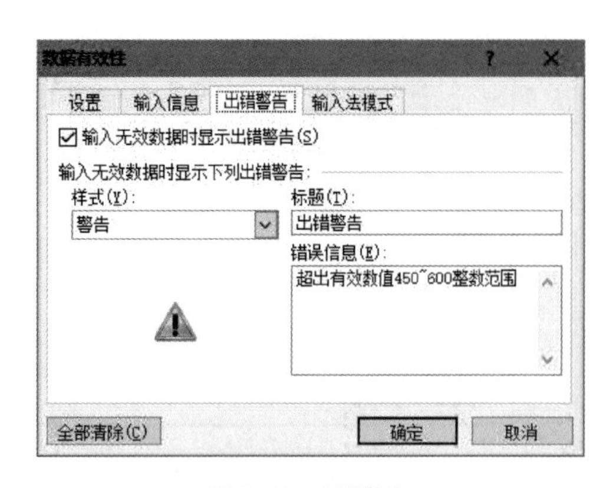

图3-6　出错警告

（4）验证数据　在“总分”列中，选中E7，查看提示信息，如图3-7所示；输入400，弹出“出错提示”对话框，如图3-8所示，单击“取消”，重新输入“500”。

提示：

① 数据验证，是对输入数据是否正确的一种审核，但对已输入的数据不审核。一般有规律的数据，应在输入数据前建立数据的有效性，确保输入数据的正确。

② 数据验证样式有3种“停止”“警告”“信息”，请分别说明三者不同。

图3-7　出错信息

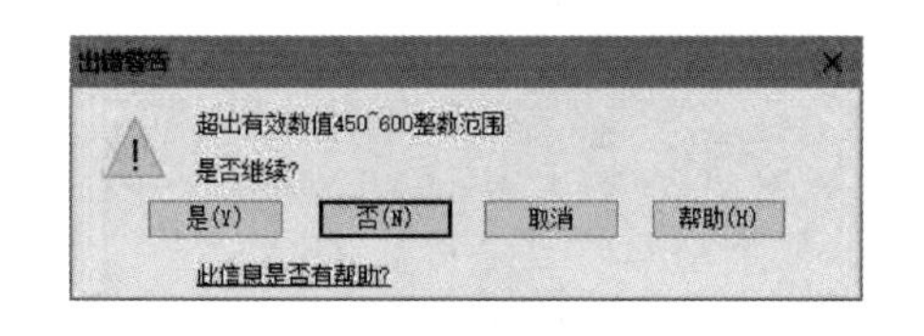

图3-8　出错提示

任务5　转　　置

选定A1∶B5单元区域，单击“开始”选项卡→“剪贴板”组→“复制”；选中D1单元格，单击“开始”选项卡→“剪贴板”组→“粘贴”下拉按钮，在列表框框中，选择“转置”，如图3-9所示。

或者在粘贴下位列表框中，选择“选择性粘贴”，弹出“选择性粘贴”对话框，选中“转置”复选框，如图3-10所示，单击“确定”按钮。效果如图3-11所示。

图3-9　粘贴选项

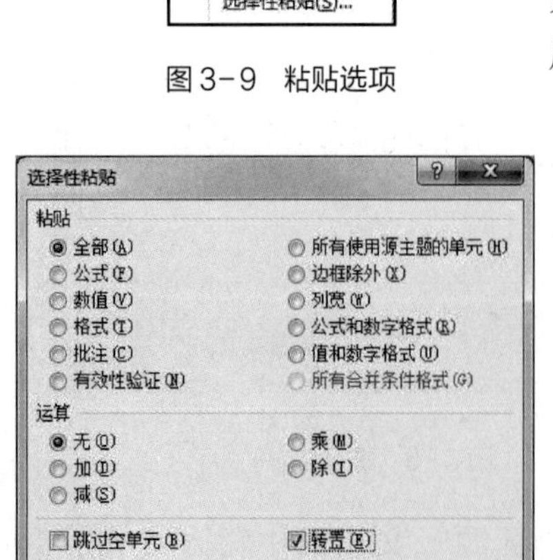

图3-10　转置设置

	A	B	C	D	E	F	G	H
1	姓名	分数		姓名	黄三磊	李文艺	李元刚	王刚
2	黄三磊	78		分数	78	95	86	75
3	李文艺	95						
4	李元刚	86						
5	王刚	75						

图3-11　转置效果

项目二　工作表格式

工作表格式主要内容包括数字格式、单元格式、条件格式、清除格式等。

项目内容

打开“单元格格式”工作簿，完成以下操作。

任务 1　数 字 格 式

选择“数字格式”工作表，完成下列数字的格式设置。

（1）数值　保留两位小数。

（2）货币　数字前加货币符号“￥”，保留两位小数，负数以红色带括号显示。

（3）科学记数　科学记数显示，保留两位小数。

（4）百分比　数字后加百分比符号，保留两位小数。

（5）特殊　数字以中文小写显示。

（6）日期　以格式 yyyy 年 m 月 d 日显示。

任务 2　单 元 格 式

选择“单元格式”工作表，设置以下格式。

（1）B1：G1 单元区域　合并居中，垂直居中，字体“黑体”，字号“20”，填充图案为“细 逆对角线 条纹”，颜色为红色。

（2）A3：A12 单元区域　合并居中，垂直居中，文字竖排。

（3）B2：G12 单元区域　水平居中，垂直居中。

（4）边框　内边框为黑色单线，外边框为红色双线。

任务 3　条 件 格 式

选择“条件格式”工作表，在 B4：F13 单元区域中，设置工资低于 1000 元的单元格加“红色边框”，工资大于或等于 3000 元的单元格字符颜色为“红色”。

任务 4　清 除 格 式

选择“清除格式”工作表，清除 B3：G13 单元格式。

项目实施

任务 1　数 字 格 式

（1）数值　选择 C4：C7 区域，单击“开始”选项卡→“数字”组→“数字格式”按钮，弹出“设置单元格格式”对话框，定位“数字”选项卡，在“分类”列表框中，选择“数值”，在“小数位数”文本框中输入或者调节“2”，如图3-12所示，单击“确定”按钮。

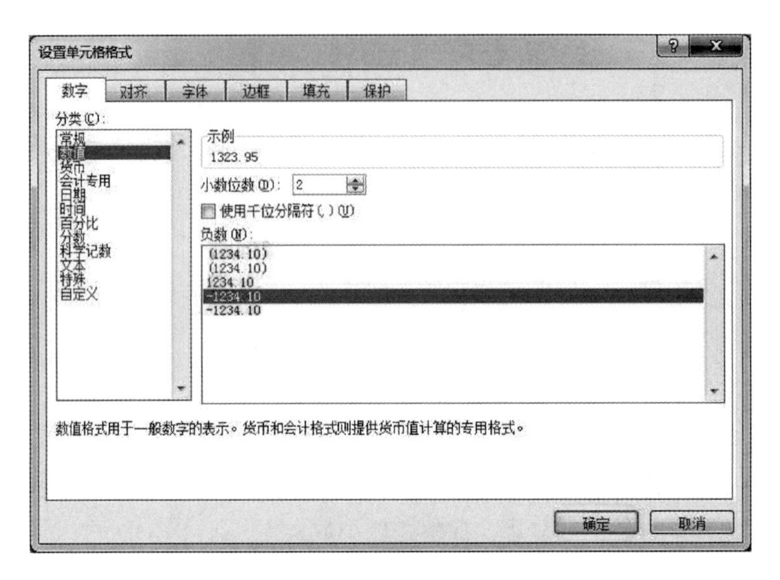

图3-12　设置数值格式

（2）货币　选择D4：D7区域，单击“开始”选项卡→“数字”组→“数字格式”按钮，弹出“设置单元格格式”对话框，定位“数字”选项卡，在“分类”列表框中，选择“货币”，在“小数位数”文本框中输入或者调节“2”，在“货币符号”下拉列表框中，选择“￥”，如图3-13所示，单击“确定”按钮。

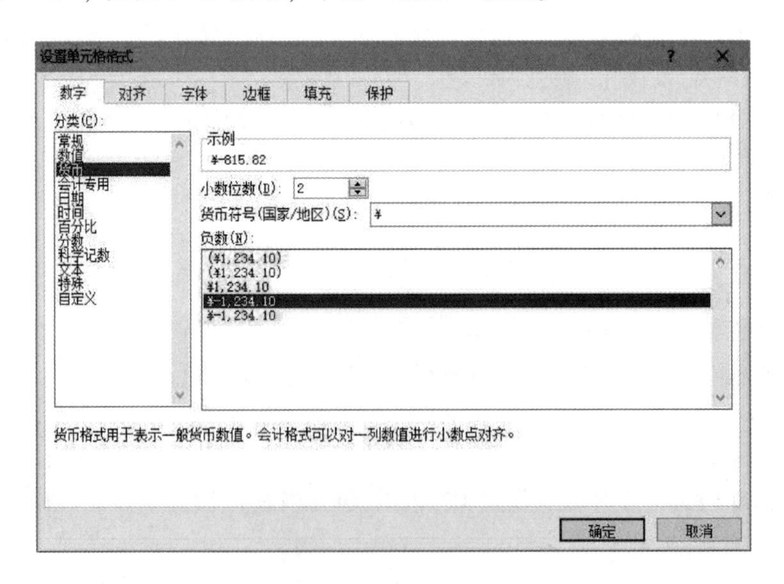

图3-13　设置货币格式

（3）科学记数　选择E4：E7区域，单击“开始”选项卡→“数字”组→“数字格式”按钮，弹出“设置单元格格式”对话框，定位“科学记数”选项卡，在“小数位数”文本框中输入或者调节“2”，如图3-14所示，单击“确定”按钮。

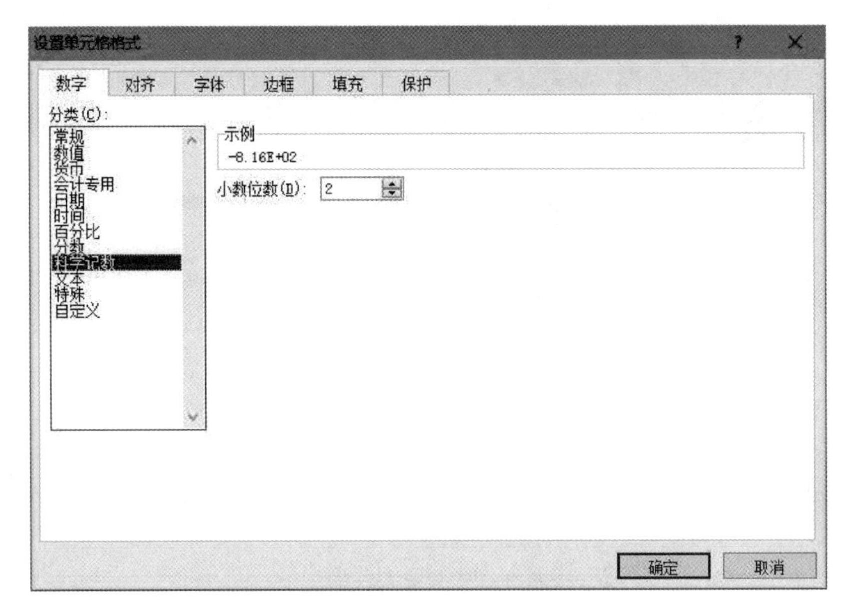

图 3-14　设置科学记数格式

（4）百分比　选择 F4∶F7 区域，单击“开始”选项卡→“数字”组→“数字格式”按钮，弹出“设置单元格格式”对话框，定位“百分比”选项卡，在“小数位数”文本框中输入或者调节“2”，如图 3-15 所示，单击“确定”按钮。

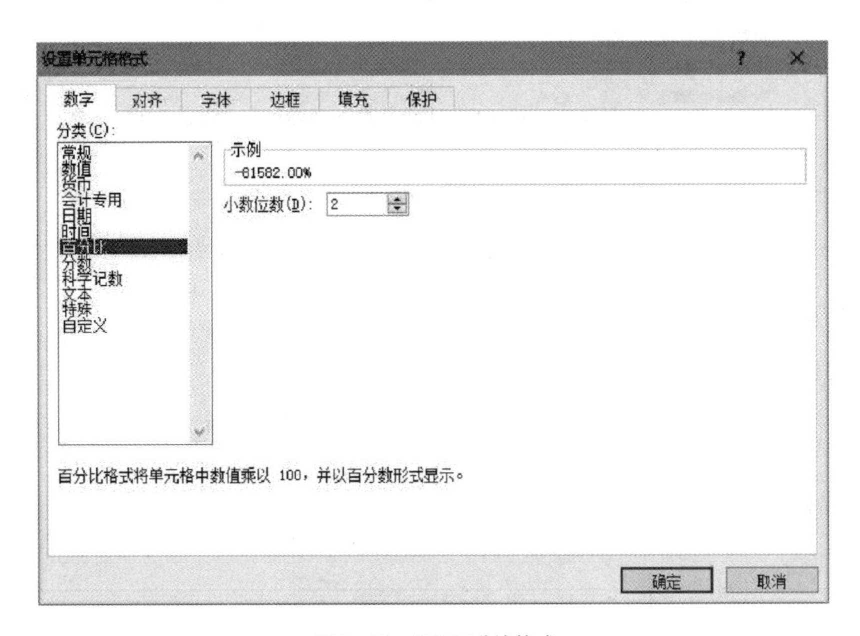

图 3-15　设置百分比格式

（5）特殊　选择 F4∶F7 区域，单击“开始”选项卡→“数字”组→“数字格式”按钮，弹出“设置单元格格式”对话框，定位“特殊”选项卡，在“类型”列表框中，选择“中文小写数字”，如图 3-16 所示，单击“确定”按钮。

（6）日期　选择 F4∶F7 区域，单击“开始”选项卡→“数字”组→“数字格式”按

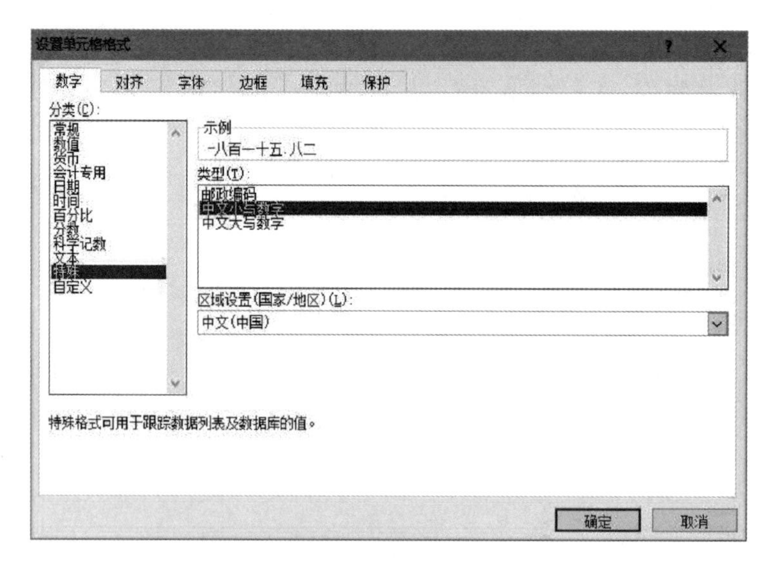

图 3-16 设置特殊格式

钮，弹出“设置单元格格式”对话框，定位“日期”选项卡，在“类型”列表框中，选择“＊2001 年 3 月 14 日”，如图 3-17 所示，单击“确定”按钮。

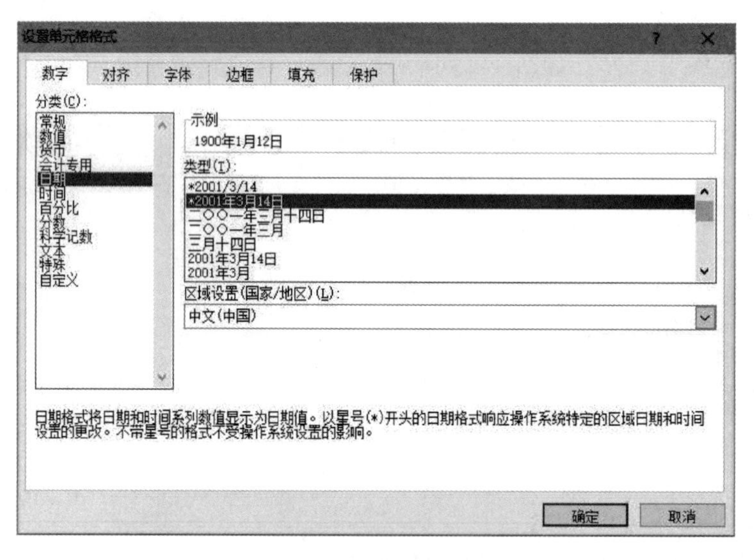

图 3-17 设置日期格式

提示：

完成所有数字格式设置。本任务效果如图 3-18 所示。

任务 2 单 元 格 式

（1）合并居中 选择 B1：G1 单元区域，单击“开始”选项卡→“对齐方式”组→“合并后居中”。

垂直居中：选择 B1：G1 单元区域，单击“开始”选项卡→“对齐方式”组→“垂直居中”。

分类	数值	货币	科学记数	百分比	特殊	日期
格式要求	2位小数	负数红色带括号	2位小数	2位小数	中文小写	yyyy年m月d日
实例	1323.95	(¥815.82)	8.16E+02	172851.70%	一十二.三四	1986年3月7日
	1246.87	¥1,677.51	1.68E+03	104044.00%	一二十三.四五	1987年10月24日
	-236.46	(¥456.23)	-4.54E+01	-4500.00%	五十六.九八	1986年5月2日
	1236.50	¥45.36	4.56E+02	4523.60%	五百四十八.五二	1986年8月9日

图 3-18　数字格式效果

字符格式：选择 B1：G1 单元区域，在“开始”选项卡→“字体”组中，设置字体“黑体”，字号“20”。

填充图案：选择 B1：G1 单元区域，右击，在快捷菜单中，选择“设置单元格格式”，弹出“设置单元格格式”对话框，定位“填充”选项卡，在图案颜色下拉列表框中，选择“红色”，在图案样式列表框中，选择“细 逆对角线 条纹”，如图 3-19 所示。单击“确定”按钮。

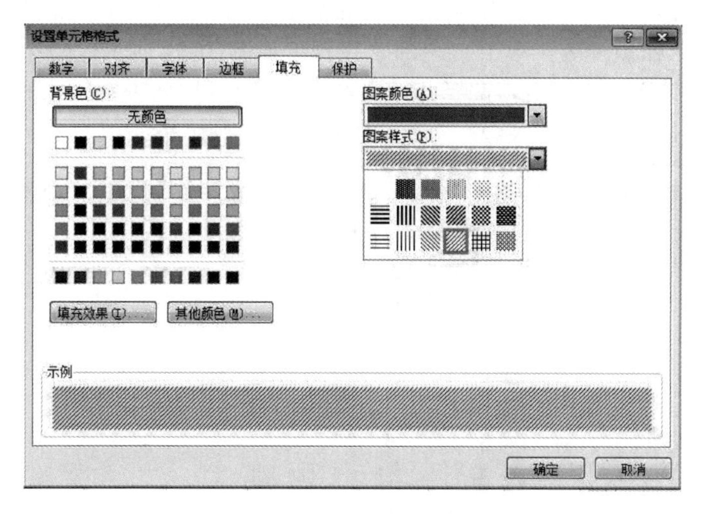

图 3-19　填充图案设置

提示：

图案颜色与背景颜色区别，前者只是图案本身的颜色，后者是整个单元格填充背景颜色。

（2）竖排文字　选择 A3：A12 单元区域，单击“开始”选项卡→“对齐方式”→“方向”下拉按钮，在列表框中，选择“竖排文字”。

或者右击，在快捷菜单中，选择“设置单元格格式”，弹出“设置单元格格式”对话框，定位“对齐”选项卡，单击方向区的“文本”按钮，如图 3-20 所示。单击“确定”按钮。

提示：

在“对齐”选项卡中，可设置对齐方式，合并后居中，文本方向等格式。

图 3-20　对齐设置

（3）B2：G12 单元区域　操作参照任务（1）。

（4）边框　选择 B2：G12 单元格区域，右击，在快捷菜单中，选择“设置单元格格式”，弹出“设置单元格格式”对话框，定位“边框”选项卡，在线条样式列表中，选择“单实线”，在预置区，单击“内部”按钮，如图 3-21 所示。

同理，在线条样式列表中，选择“双实线”，颜色下拉列表中，选择“红色”，在预置区，单击“外边框”，如图 3-22 所示，单击“确定”按钮。

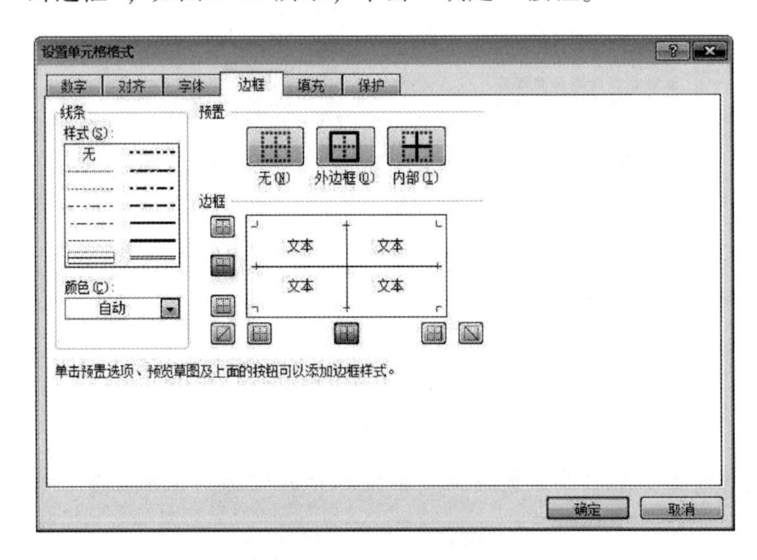

图 3-21　内边框设置

任务 3　条件格式

方法 1：选择在 B4：F12 区域，单击“开始”选项卡→“样式”组→“条件格式”下拉按钮，在列表框中，选择“突出显示单元格规则”→“小于”，弹出“小于”对话框，在文本框中输入“1000”，单击“设置为”下拉按钮，在列表框中，选择“红色边框”，

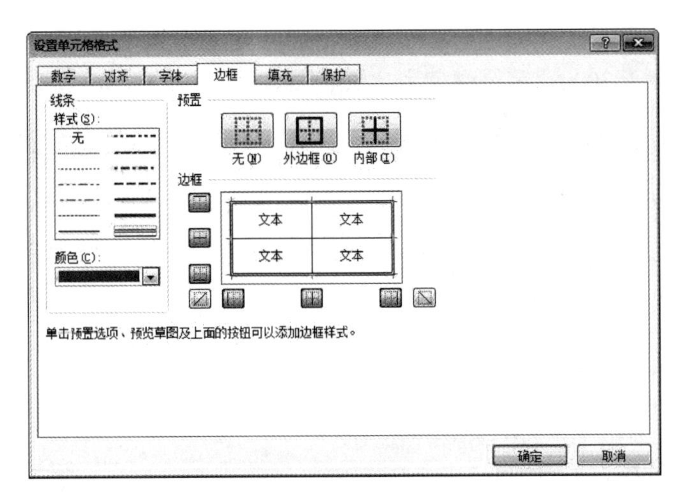

图 3-22　外边框设置

如图 3-23 所示。

同理，设置大于 3000，字符颜色为“红色”。效果如图 3-24 所示。

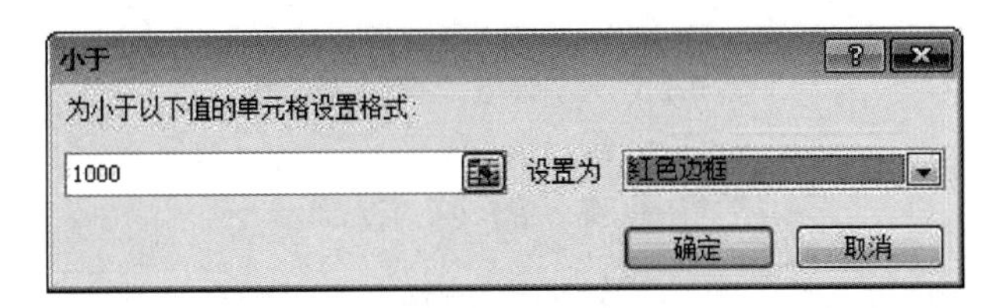

图 3-23　格式条件设置

	A	B	C	D	E	F
1	职工工资表					
2						
3	姓名	一月	二月	三月	五月	六月
4	赵勇	393.59	1232.94	815.82	1728.51	1670.78
5	李奇奇	2953.11	1246.87	1677.51	1040.44	1227.31
6	杨君	3601.05	2725.4	1770.44	714.62	2976.08
7	黄文东	2365.23	2472.24	1236.5	2236.41	1718.84
8	王天宝	569.63	2615.65	563.23	533.49	2618.83
9	刘华	698.65	412.45	963.5	2183.57	2264.06
10	巩莉芳	2365.45	3602.65	2365.78	3427.61	1988.22
11	刘佳	8123.65	2817.98	1236.5	1327.5	1687.97
12	李明	4153.24	1085.54	2369.5	2415.41	1225.62
13	李陆明	896.5	1782.23	456.6	5270.74	1576.26

图 3-24　表格效果

方法 2：选定在 B4∶F13 区域，单击“开始”选项卡→“样式”组→“条件格式”下拉按钮，在列表框中，选择“新建规则”，弹出“新建格式规则”对话框，在“选择规则类型”列表框中，选择“只为包含以下内容的单元格设置格式”，从对象下拉列表框中，选择“单元格值”，从运算符下拉列表框中，选择“小于”，在值文本框中，输入“1000”；单击“格式”按钮，弹出“设置单元格格式”对话框，选择“边框”选项卡，设置边框颜色“红色”，单击“确定”按钮。返回“新建格式规则”对话框，如图 3-25

所示，单击在“确定”按钮。

同理，设置大于3000，字符颜色为“红色”。

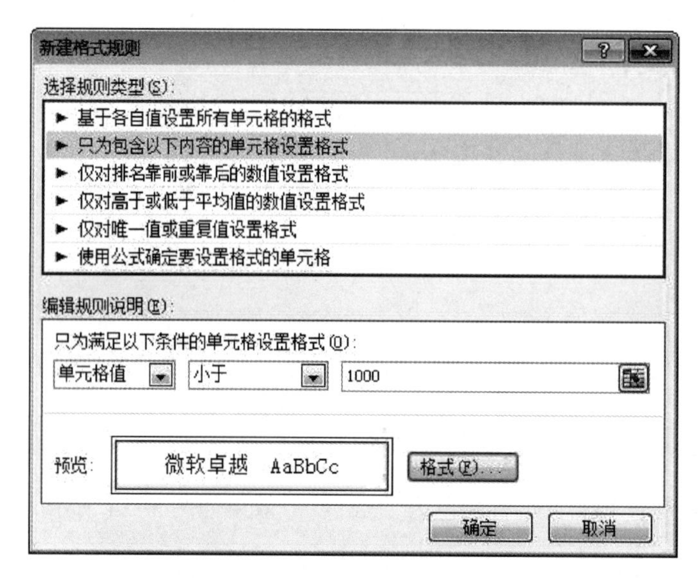

图3-25 “新建格式规则”对话框

任务4 清除格式

选择B3：G13单元区域，单击“开始”选项卡→“编辑”组→“清除”下拉按钮，在列表框中，选择“清除格式”，效果如图3-26所示。

	A	B	C	D	E	F	G
1		职工工资表					
2							
3			一月	二月	三月	四月	五月
4		赵勇	393.59	1232.94	815.82	1728.51	1670.78
5		李奇奇	2953.11	1246.87	1677.51	1040.44	1227.31
6		杨君	3601.05	2725.4	1770.44	714.62	2976.08
7		黄文东	2365.23	2472.24	1236.5	2236.41	1718.84
8	姓	王天宝	569.63	2615.65	563.23	533.49	2618.83
9	名	刘华	698.65	412.45	963.5	2183.57	2264.06
10		巩莉芳	2365.45	3602.65	2365.78	3427.61	1988.22
11		刘佳	8123.65	2817.98	1236.5	1327.5	1687.97
12		李明	4153.24	1085.54	2369.5	2415.41	1225.62
13		李陆明	896.5	1782.23	456.6	5270.74	1576.26

图3-26 清除格式后的效果

项目三 公 式

单元格公式是以“=”开始后接表达式的公式，公式输入确认后，自动计算，计算结果显示在公式所在单元格。

项目内容

提示：打开“公式与函数”工作簿，完成下列操作。

任务 1　相 对 引 用

选择“公式”工作表，计算总评，总评=平时 * 30%+期末 * 70%。且设置总评单元格为数字型，保留 1 位小数。

任务 2　绝 对 引 用

选择“公式”工作表，计算偏差，偏差=期末-期望值。

任务 3　混 合 引 用

选择“乘法表”工作表，制作九九乘法表。

项目实施

任务 1　相 对 引 用

（1）计算总评　选择 D3 单元格，输入英语状态下的“=”号，鼠标单击 B3 单元格，获取 B3 单元格地址，接着输入星号“ * ”、数字“30”、百分号“%”、加号“+”、同理输入“C3 * 70%”，按“Enter”确认。

（2）填充公式　鼠标按住填充柄，往下拖，填充 D4：D9 区域公式，如图 3-27 所示。

D3　　=B3*30%+C3*70%

	A	B	C	D	E
1					
2	姓名	平时	期末	总评	偏差
3	张大伟	80	75	77	
4	李小诘	61	59		
5	邓伟远	86	90		
6	李志文	86	65		
7	黄碧兰	86	90		
8	钟锦莹	95	92		
9	周华	65	50		

图 3-27　计算总评

提示：

① 公式所在单元格，显示公式计算的结果，双击，可进入公式编辑状态，对公式进行修改；编辑栏中也显示公式，可直接对修改公式。

② 在单元格公式输入中，公式中的单元格地址或单元区域地址，对于初学者最好使

用鼠标选择单元格或单元区域而获取，尽量不要直接输入。

单元格地址相当于数学函数中的变量，其值等于单元格中的数字，单元区域相当于数组，每个单元格就是数组的一个元素，单元格值就是这个元素的值，使用单元区域实际上是使用这个区域中的每个单元格。

（3）单元格格式　选择总评单元格，单击“开始”选项卡→“数字”组→“数字格式”，弹出“设置单元格格式”对话框，定位“数字”选项卡，在“分类”列表框中，选择“数值”，小数位数调整为“1”，保留1位小数，如图3-28所示。

提示：

数据设置小数位后，按4舍5入，保留指定小数位。

	A	B	C	D	E
1					
2	**姓名**	**平时**	**期末**	**总评**	**偏差**
3	张大伟	80	75	76.5	
4	李小诘	61	59	59.6	
5	邓伟远	86	90	88.8	
6	李志文	86	65	71.3	
7	黄碧兰	86	90	88.8	
8	钟锦莹	95	92	92.9	
9	周华	65	50	54.5	

图3-28　小数位设置

任务2　绝对引用

计算偏差。计算公式为：E3=C3-$C$11。

选择F3单元格，输入“=”号，用鼠标获取“C3”，输入“-”号，再用鼠标获取“C11”，按下功能键“F4”，使“C11”单元格相对地址变为绝对地址“$C$11”（因为在公式的填充过程中，“C11”单元格地址保持不变）。填充F4：F9区域中的公式，如图3-29所示。

提示：

绝对引用主要运用在对公式进行同行或同列的填充中，在对公式进行同行或同列的填充时，如果引用同一个不变的单元格或单元格区域，此单元格或单元格区域采用绝对地址。

任务3　混合引用

分析：

设公式所在单元格地址为X、Y（X列Y行），则公式为：

A	Y	*	X	1
第A列（绝对）	与公式同行（相对）		与公式同列（相对）	第1行（绝对）

E3　=C3-$C$11

	A	B	C	D	E
1					
2	姓名	平时	期末	总评	偏差
3	张大伟	80	75	76.5	-5
4	李小洁	61	59	59.6	-21
5	邓伟远	86	90	88.8	10
6	李志文	86	65	71.3	-15
7	黄碧兰	86	90	88.8	10
8	钟锦莹	95	92	92.9	12
9	周华	65	50	54.5	-30

图 3-29　“偏差”公式的输入

B2 单元格公式为：B2= $A2 * B$1。

选择“乘法表”，选择 B2 单元格，输入“=”，用鼠标获取“A2”单元格，按 3 次“F4”键，变为“ $A2”（列绝对，行相对），输入“ * ”，用鼠标获取“B1”，按 2 次“F4”键，变为“B$1”（列相对，行绝对），如图 3-30 所示。

将 B2 单元公式按列填充至 B9，如图 3-31 所示，再选择 B2 : B9，整列填充到 J9，如图 3-32 所示。

B2　=$A2*B$1

	A	B	C	D	E	F	G	H	I	J
1		1	2	3	4	5	6	7	8	9
2	1	1								
3	2									
4	3									
5	4									
6	5									
7	6									
8	7									
9	8									
10	9									

图 3-30　输入公式

	A	B	C	D	E	F	G	H	I	J
1		1	2	3	4	5	6	7	8	9
2	1	1								
3	2									
4	3									
5	4									
6	5									
7	6									
8	7									
9	8									
10	9									
11										

图 3-31　向下拖动填充公式

	A	B	C	D	E	F	G	H	I	J	K
1		1	2	3	4	5	6	7	8	9	
2	1	1									
3	2	2									
4	3	3									
5	4	4									
6	5	5									
7	6	6									
8	7	7									
9	8	8									
10	9	9									
11											

图 3-32　向右拖动填充公式

项目四　函　　数

函数是公式主要组成部分，在公式中使用函数，能够根据数据源，计算得到用户所需的数据，是分析数据的有力工具。

函数由函数名与函数参数组成，根据函数值的类型，函数可分为数学函数、统计函数、文本函数、日期函数、逻辑函数等。

项目内容

提示：
打开“公式与函数”工作簿，完成以下操作。

任务1　数学函数

（1）选择“数学函数”工作表，计算 *X* 值的绝对值、平方根、取整和四舍五入。

（2）选择“求和函数”工作表，计算各科总分、各科不及格的总分和管理系各科总分。

任务2　统计函数

选择“统计函数”工作表，计算最高分、最低分、平均分、计数、条件计数。

任务3　文本函数

选择“文本函数”工作表，完成以下操作。

（1）提取字符　提取地区代码，生日序号与顺序号，1~6 位表示地区代码；7~14 位表示表示生日序号；15~18 位表示顺序号。

（2）字符串连接　在原序号前加“2020”，构成新序号。

任务4　日期函数

选择“日期函数”工作表，完成以下操作。

（1）提取年月日　从出身日期中提取“年”“月”“日”。

（2）合成日期　给定年月日，合成日期。

任务5　逻辑函数

选择“逻辑函数”工作表，完成下列操作。

（1）计算备注　当总评小于 60 分时，备注“不及格”。

（2）计算等级　总评≥90 分，优；90 分以下至 80 分，良；80 分以下至 70 分，中；70 分以下至 60 分，及格；60 分以下，补考。

任务6　数据库函数

打开“数据库函数”工作簿，完成以下计算。

（1）数据库最小值函数　计算会计系成绩最低分。

（2）数据库非空计数函数　计算会计系与管理系女生总人数。

（3）数据库平均值函数　计算会计系女生成绩平均分。

（4）数据库数值计数函数　计算管理系成绩不合格的人数（没数值或其他类型数据为缺考）。

项目实施

任务 1　数 学 函 数

（1）计算 X 值的绝对值、平方根、取整和四舍五入

① 绝对值函数：单元格公式：B3=ABS（A3）。

定位 B3 单元格，单击“公式”选项卡→“函数库”组→“数字和三角函数”下拉按钮，选择“ABS”，弹出“函数参数”输入对话框。

定位“Number”参数文本框，单击 A3 单元格，获取 A3 单元格地址（如果对话框遮挡引用单元格，单击“Number”文本输入框右边的折叠按钮，折叠对话框），如图 3-33 所示。

单击“确定”按钮。B3 单元格中自动填充“=ABS（A3）”，并显示计算结果。

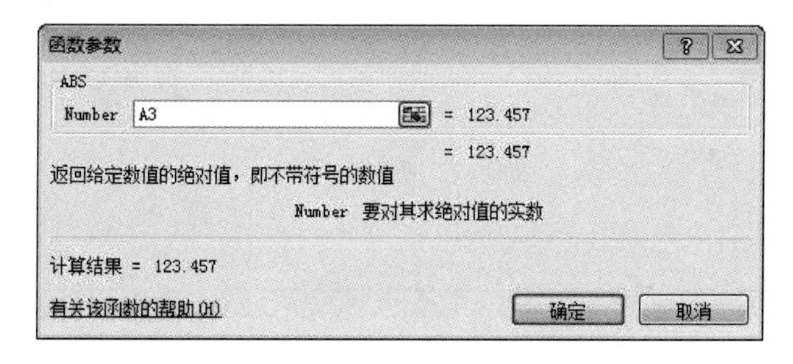

图 3-33　输入函数参数

② 平方根函数：单元格公式：E3=SQRT（D3）。

同理，输入平方根函数参数，如图 3-34 所示。

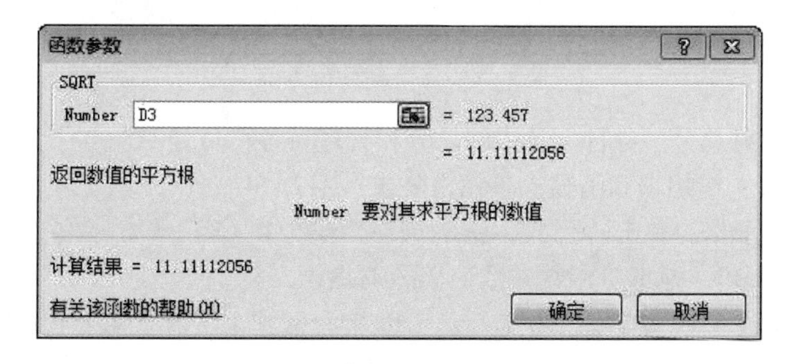

图 3-34　平方根函数

③ 取整函数：单元格公式：H3=INT（G3）。

同理，输入取整函数的参数，如图 3-35 所示。

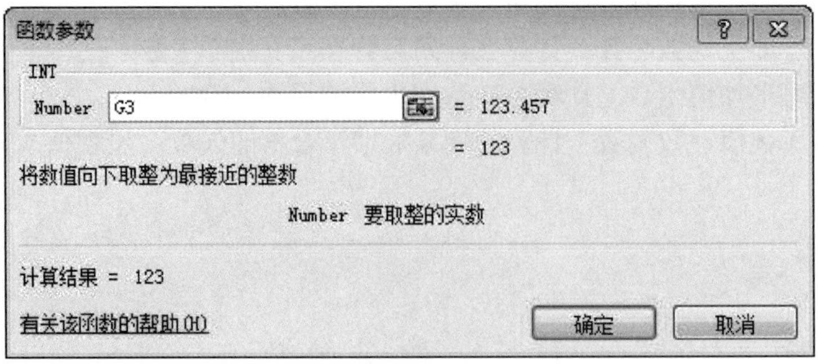

函数参数

INT

Number G3 = 123.457

= 123

将数值向下取整为最接近的整数

Number 要取整的实数

计算结果 = 123

有关该函数的帮助(H) 确定 取消

图3-35 取整函数

④ 四舍五入函数：单元格公式：K3=ROUND（J3，2）。

同理，输入四舍五入函数的参数，如图3-36所示。

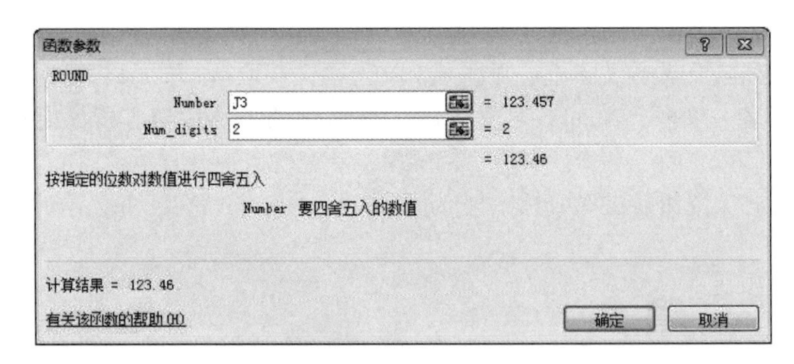

图3-36 四舍五入函数

⑤ 数学函数设计效果如图3-37所示。

	A	B	C	D	E	F	G	H	I	J	K
1											
2	x	绝对值		x	平方根		x	取整		x	保留2位小数
3	123.457	123.457		123.457	11.11112056		123.457	123		123.457	123.46
4	654.654	654.654		654.654	25.58620722		654.654	654		654.654	654.65
5	-45.4	45.4		45.4	6.737952211		-45.4	-46		-45.4	-45.4

图3-37 数学函数设计效果

（2）计算各科总分、各科不及格的总分和管理系各科总分

① 各科总分：应用求和函数，单元格公式：C17=SUM（C3：C15）。

定位C17单元格，单击“公式”选项卡→“函数库”组→“数字和三角函数”下拉按钮，选择“SUM”，弹出“函数参数”输入对话框。

定位Number1参数文本框，拖选C3：C15单元区域，获取单元区域地址（如果对话框遮挡引用单元格，单击“Number1”文本输入框右边的折叠按钮，折叠对话框），如图3-38所示。

单击“确定”按钮。C17单元格中自动填充“=SUM（C3：C15）”，并显示计算结果。

提示：

求和函数是对参数单元格（包括单元区域中所有单元）的数值计算总和。当求多区域单元数值的和时，可以设置多参数的求和。

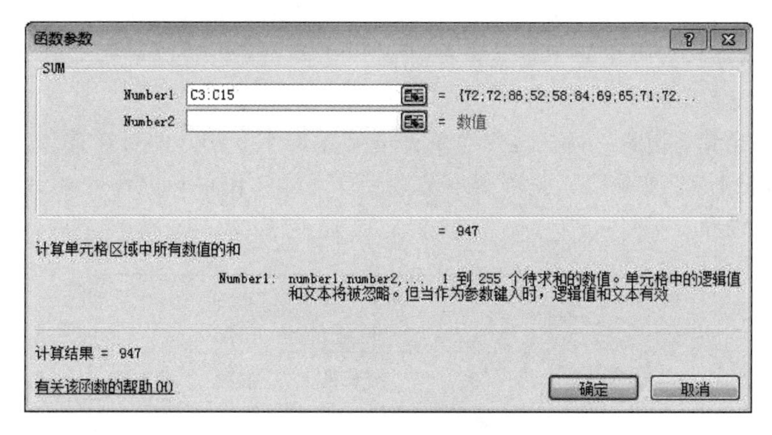

图 3-38 求和函数的输入

② 各科不及格的总分：应用条件求和函数（条件区与数据区重合）。

单元格公式：C18=SUMIF（C3：C15," <60"）。

定位 C18 单元格，单击“公式”选项卡→“函数库”组→“数字和三角函数”下拉按钮，选择“SUMIF”，弹出“函数参数”输入对话框。

定位“Range”参数文本框，拖选 C3：C15 单元区域，获取单元区域地址（如果对话框遮挡引用单元格，单击“Number1”文本输入框右边的折叠按钮，折叠对话框）。

定位“Criteria”参数文本框，输入“<60”，如图 3-39 所示。

单击“确定”按钮。C18 单元格中自动填充“=SUMIF（C3：C15,"<60"）”，并显示计算结果。

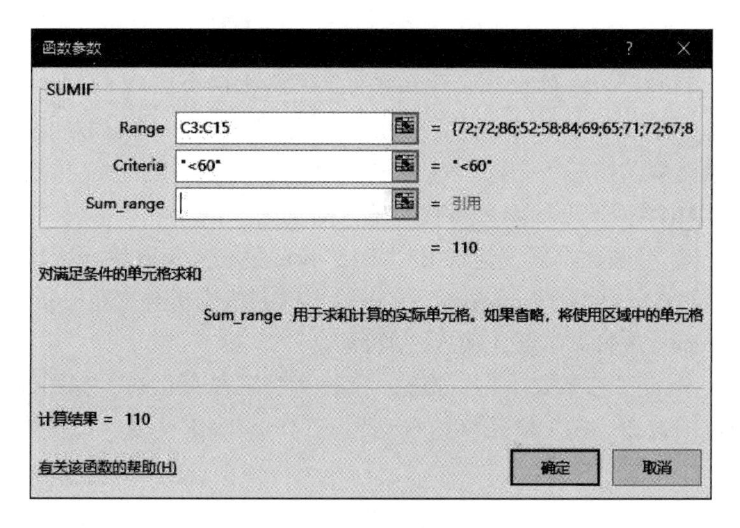

图 3-39 条件区与函数区重合

提示：

“Range”参数是条件区域。

“Criteria”参数是设置条件，以关系运算符开始，“=”省略。

“Sum_ range”参数是计算数据区。

当条件区与数据区重合时，第 3 个参数求和数据区可以省略。

求和条件是以关系运算符开始的关系表达式，关系运算符包括“<　<=　>　>=　=　<>”，关系表达式后面接常量或单元地址，其中“=”可以省略，整个条件表达式自动添加一对双引号括起来，用户不必手工输入。

条件求和运算规则是：对区域中各单元格值与条件比较，成立则累加，不成立则跳过。如图 3-40 所示，实质上，先判断不及格的单元格（图中加方框的单元格），再对这些单元格数值求和。

C18　=SUMIF(C3:C15,"<60")

	A	B	C	D	E
2	姓名	系	计算机	高数	英语
3	黄三磊	管理	72	61	61
4	李文艺	外语	72	65	81
5	李元刚	管理	86	78	75
6	王刚	艺术	52	91	74
7	王建平	会计	58	58	73
8	王洁平	会计	84		
14	张华军	会计	88	71	83
15	赵姗	艺术	91	92	82
16					
17	各科总分		947		
18	各科不及格的总分		110		
19	管理系各科总分				

图 3-40　条件求和运算结果示意图

③ 管理系各科总分：条件求和函数（条件区与数据区分离）。

单元格公式：C19=SUMIF（$B$3：$B$15，"管理"，C3：C15）。

选择 C19 单元格，单击“公式”选项卡→“函数库”组→“数字和三角函数”下拉按钮，选择“SUMIF”，弹出“函数参数”输入对话框。

定位“Range”参数文本框，拖选 B3：B15 单元区域，获取单元区域地址（如果对话框遮挡引用单元格，单击“Number1”文本输入框右边的折叠按钮，折叠对话框）。

定位“Criteria”参数文本框，输入“管理”。

定位“Sum_range”参数文本框，拖选“C3：C15”单元区域，如图 3-41 所示。

单击“确定”按钮。C19 单元格中自动填充“=SUMIF（C3：C15，"　<60"）”，并显示计算结果。

提示：

如果条件区与求和区分离，条件求和只对条件成立所对应的数据区进行统计求和，如图 3-42 所示，图中阴影部分表示条件成立，即“管理”系所对应的计算机成绩，只对这些成绩求和。

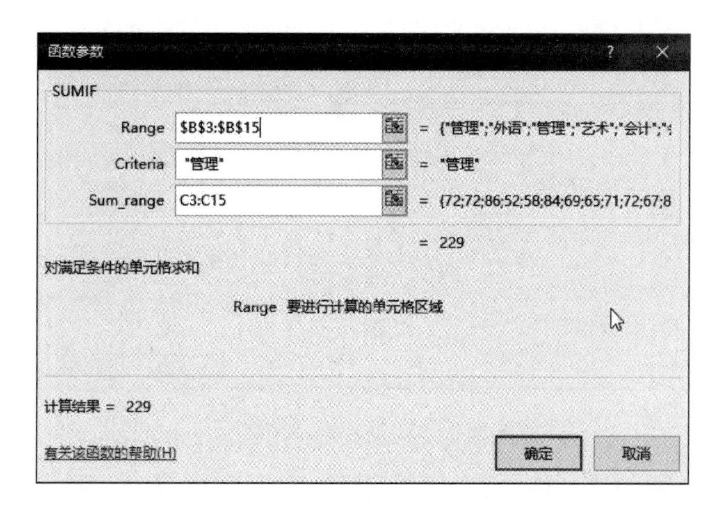

图 3-41　条件区与数据区分离

填充公式时，条件区域是不变的，所以条件区域为绝对引用。

C19　= SUMIF($B$3:$B$15, "管理",C3:C15)

	A	B	C	D	E
1	成绩表				
2	姓名	系	计算机	高数	英语
3	黄三磊	管理	72	61	61
4	李文艺	外语	72	65	81
5	李元刚	管理	86	78	75
6	王刚	艺术	52	91	74
7	王建平	会计	58	58	73
8	王洁平	会计	84		
9	王小明	外语	69	67	85
10	王伊燕	会计	65	84	84
11	伍杰	管理	71	76	76
12	杨丽婷	会计	72		78

图 3-42　条件区与数据区的对应关系

任务 2　统 计 函 数

（1）最大值函数计算各科最高分　单元格公式为：C17=MAX（C3：C15）。

定位 C17，单击“公式”选项卡→“函数库”→“其他函数”下拉按钮，在列表框中，选择“统计”→“MAX”，弹出“函数参数”对话框。

定位“Number1”参数文本框，拖选“C3：C15”单元区域，获取单元区域地址，如图 3-43 所示。

单击“确定”按钮，C17 单元格中自动填充“=MAX（C3：C15）”，并显示计算结果。

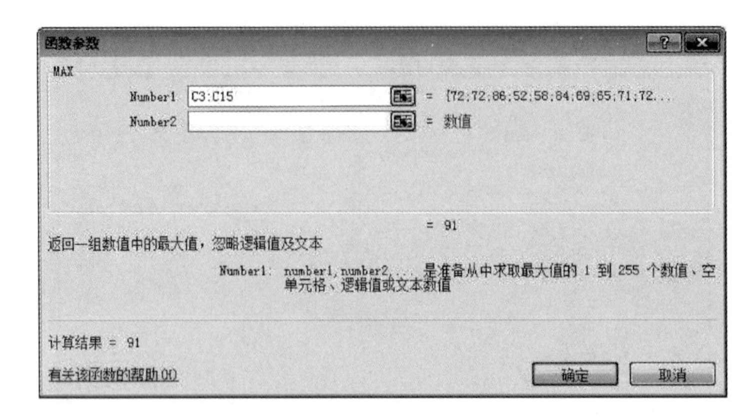

图 3-43 最大值函数参数

（2）最小值函数计算各科最低分　单元格公式为：C18=MIN（C3：C15）。同理，输入最小值函数参数如图 3-44 所示。

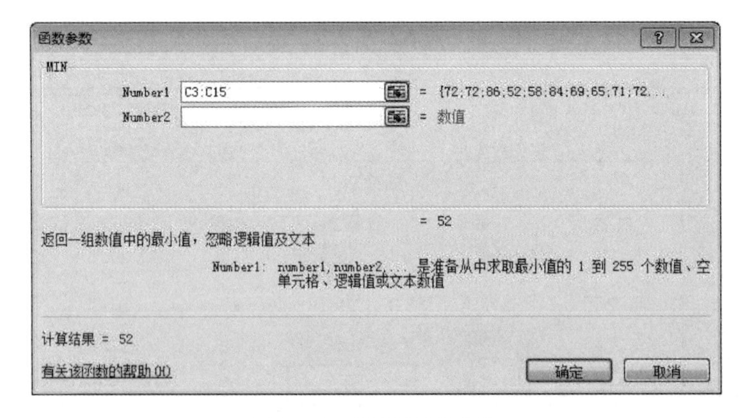

图 3-44 最小值函数参数

（3）平均值函数计算各科平均分　单元格公式为：C19=AVERAGE（C3：C15）。同理，输入平均值函数参数如图 3-45 所示。

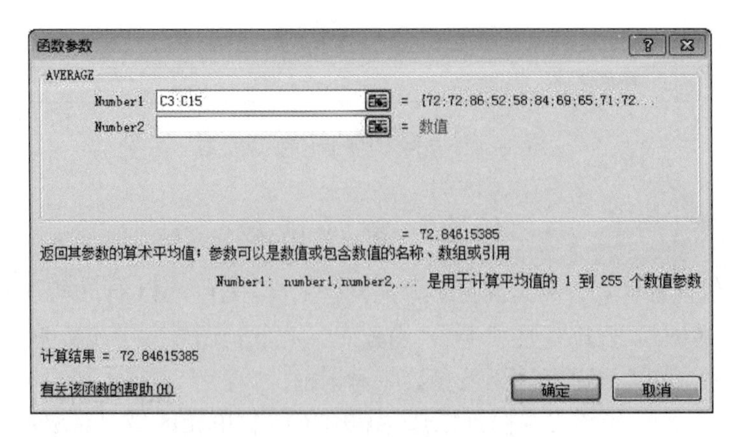

图 3-45 平均值函数参数

（4）计数函数计算各科考试人数　单元格公式为：C20=COUNT（C3：C15）。同理，输入数字单元格计数函数参数如图 3-46 所示。

提示：

计数函数，只对数字型单元格计数，不包括文本、空单元格。

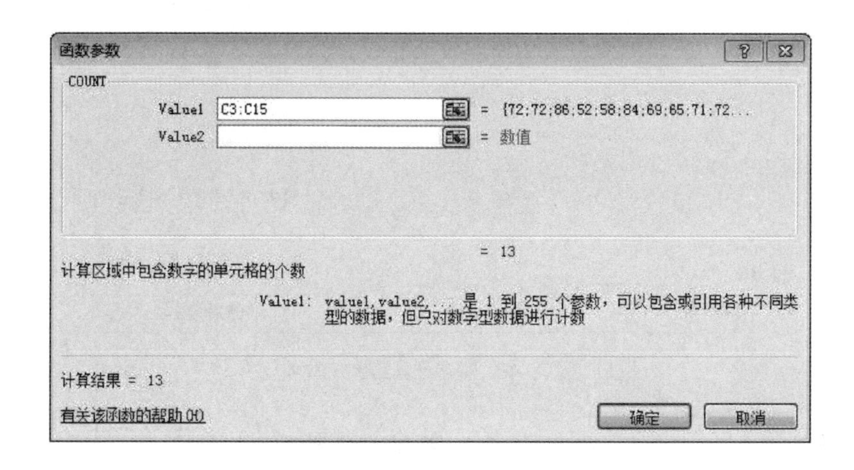

图 3-46 数字单元格计数函数参数

（5）条件计数函数计算各科不及格人数 单元格公式为：C22=COUNTIF（C3：C15，"<60"）。

同理，输入条件计数函数参数如图 3-47 所示。

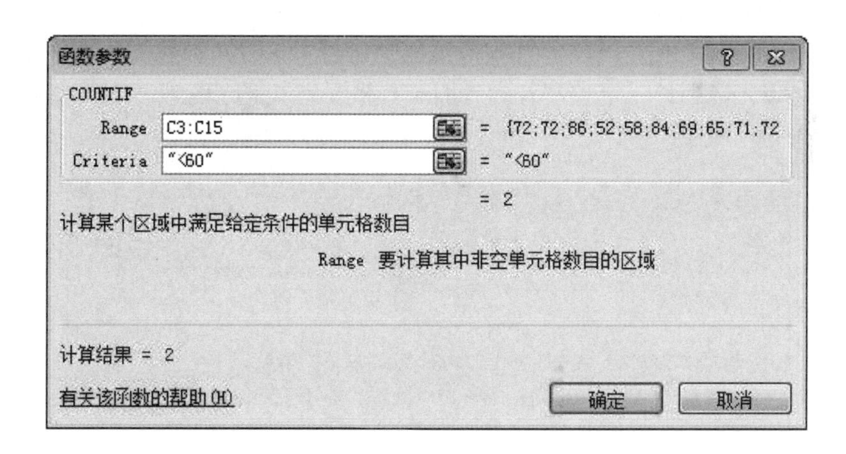

图 3-47 条件计数函数的参数

提示：

“Range”既是计数单元区域，又是条件判断单元区域。

“Criteria”参数是以关系运算符开始的关系表达式，关系运算符包括“< <= > >= = <>”，关系表达式后面接常量或单元地址，其中“=”可以省略，整个条件表达式自动添加一对双引号括起来，用户不必手工输入。

条件计数运算规则是：对计数区域中每个单元格值与条件比较，计数条件成立的非空单元格的个数。

（6）非空单元格计数函数计算总人数 单元格公式为：C23=COUNTA（A3：A15）。

同理，非空单元格计数函数的参数如图 3-48 所示。

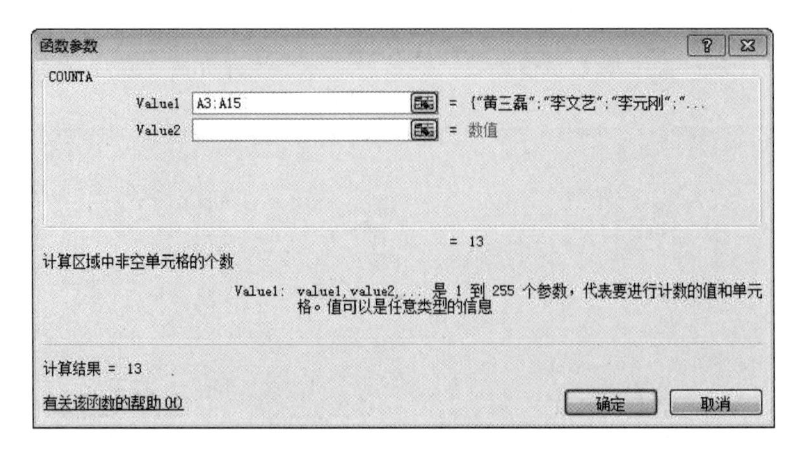

图 3-48 数字计数函数的参数

任务3 文本函数

(1) 提取字符

① 左提取函数提取地区代码：左提取函数从字符串左边开始，提取指定个数的字符。

单元格公式为：C3=LEFT（B3,6）。

选择 C3 单元格，单击“公式”选项卡→“函数库”→“文本”下拉按钮，在列表框中，选择“LEFT”，弹出“函数参数”对话框，定位“Text”参数文本框，单击“B3”单元格，获取单元格地址；定位“Num_chars”参数文本框，输入“8”，如图 3-49 所示，单击“确定”按钮。

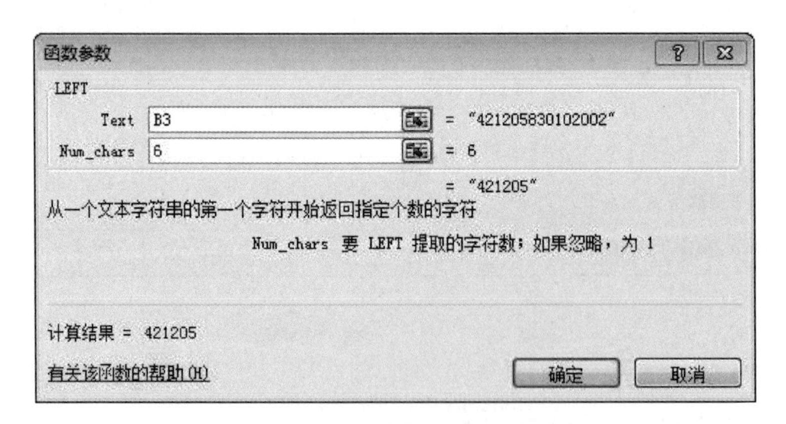

图 3-49 左提取函数的参数

② 中间提取函数提取生日序号：中间提取函数从字符串指定位置开始，提取指定个数的字符。

单元格公式为：D3=MID（B3，7，8），表示从第 7 个字符开始，提取 8 个字符。

同理，中间提取函数的参数如图 3-50 所示。

③ 右提取函数提取顺序号：右提取函数从字符串右边开始，向左提取指定个数的字符。

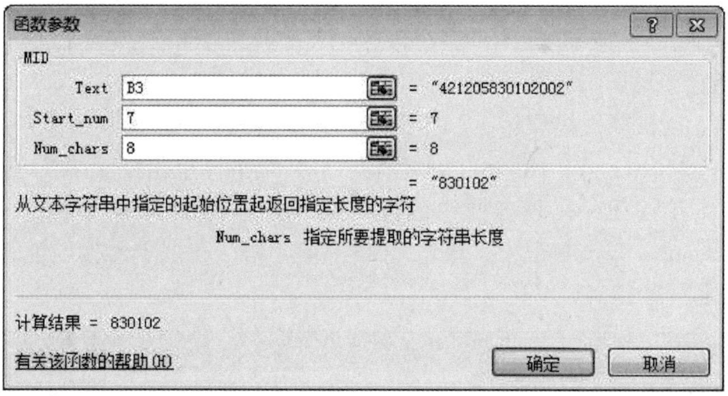

函数参数

MID

Text　B3　= "421205830102002"

Start_num　7　= 7

Num_chars　8　= 8

= "830102"

从文本字符串中指定的起始位置起返回指定长度的字符

Num_chars　指定所要提取的字符串长度

计算结果 = 830102

有关该函数的帮助(H)　确定　取消

图 3-50　中间提取函数的参数

单元格公式为：E3=RIGHT（B3,3），同理，右提取函数参数如图 3-51 所示。

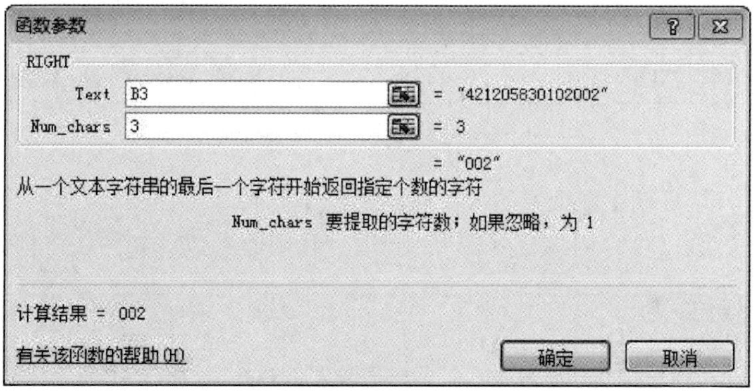

函数参数

RIGHT

Text　B3　= "421205830102002"

Num_chars　3　= 3

= "002"

从一个文本字符串的最后一个字符开始返回指定个数的字符

Num_chars　要提取的字符数；如果忽略，为 1

计算结果 = 002

有关该函数的帮助(H)　确定　取消

图 3-51　右提取函数的参数

（2）字符串连接　把多个字符串首尾相连，连接为一个字符串。

单元格公式为：H3="2020" & G3，公式输入，如图 3-52 所示。连接运算符 “&” 前后最好添加空格，便于识别；字符常量必须加双引号。

="2020" & G3

F	G	H	I
	生成新序号		
	原序号	新序号	
	01234	202001234	
	01235		
	01236		
	01237		
	01238		

图 3-52　字符串连接

任务4 日期函数

提取年、月、日。

① 年函数：从日期中提取年。

单元格公式为：C3=YEAR（B3），选择C3单元格，单击“公式”选项卡→“函数库”→“文本”下拉按钮，在列表框中选择“YEAR”，弹出“函数参数”输入对话框，定位“Serial_ number”文本框中，单击“B3”单元格，获取单元格地址，如图3-53所示，单击“确定”按钮。

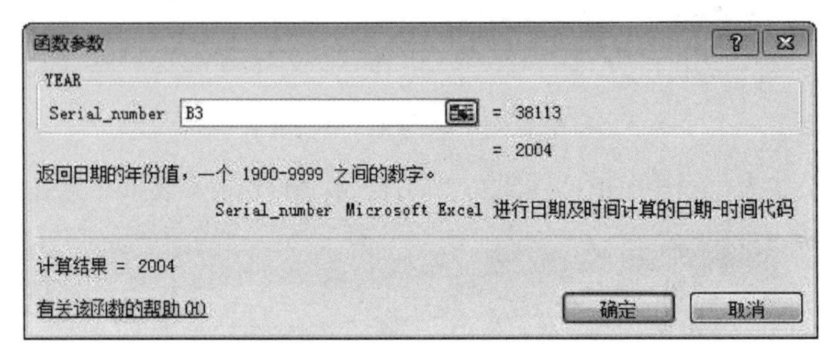

图3-53 年函数：参数

② 月函数：从日期中提取月。

单元格公式为：D3=MONTH（B3），同理，月函数参数，如图3-54所示。

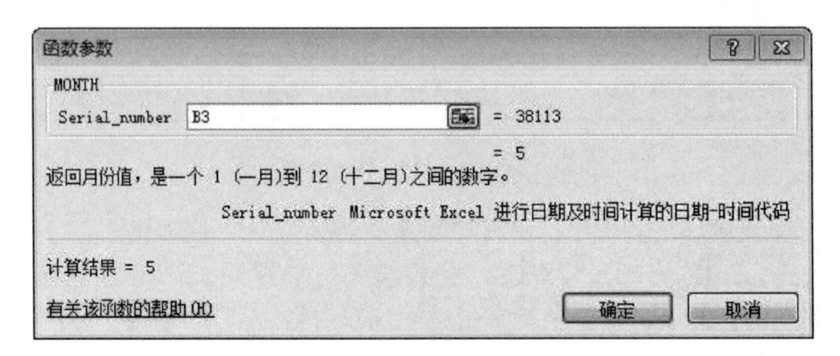

图3-54 月函数：参数

③ 日函数：从日期中提取日。

单元格公式为：E3=DAY（B3），同理，日函数参数，如图3-55所示。

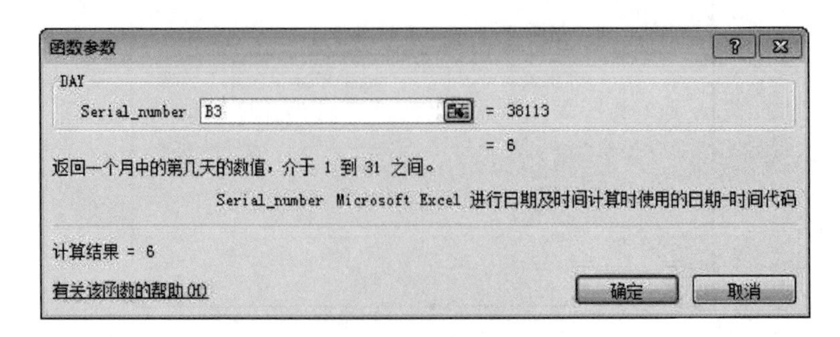

图3-55 日函数：参数

④ 日期合成函数：由年月日合成日期。

单元格公式为：J3=DATE（G3，H3，I3），同理，日期合成函数参数如图 3-56 所示。

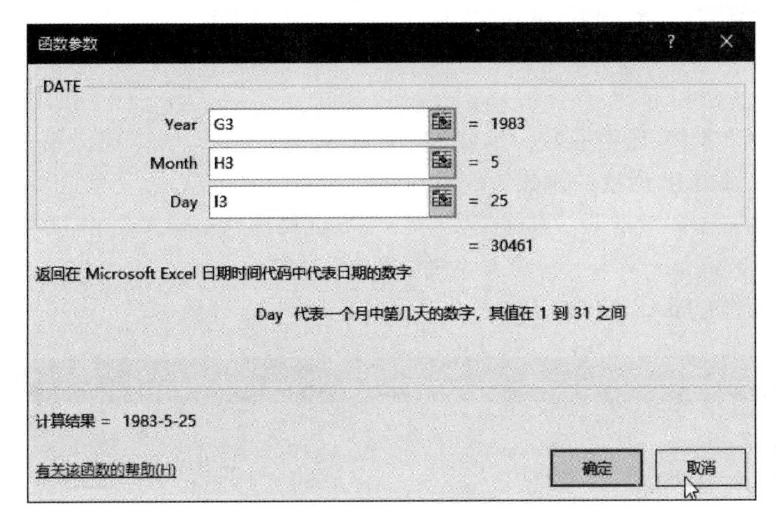

图 3-56　日期合成函数：参数

任务 5　逻 辑 函 数

（1）计算备注　当成绩小于 60 分时，E3 单元格显示“不及格”，当成绩大于 60 分时，显示为空，空值书写采用一对双引号（""）表示。

单元格公式为：E3=IF（D3<60,"不及格",""），定位 E3 单元格，单击“公式”选项卡→“函数库”→“逻辑”下拉按钮，在列表框中，选择“IF”，弹出“函数参数”对话框。

参数“Logical_test”为条件框，输入“C3<60”（条件表示：单元格引用　关系运算符　常量）。

参数“Value_if_true”为条件成立时取值，输入“不及格”，系统自动添加双引号。

参数“Value_if_false”为条件不成立时取值框，输入空值（用一对双引号表示），空值不能省略。函数参数如图 3-57 所示。

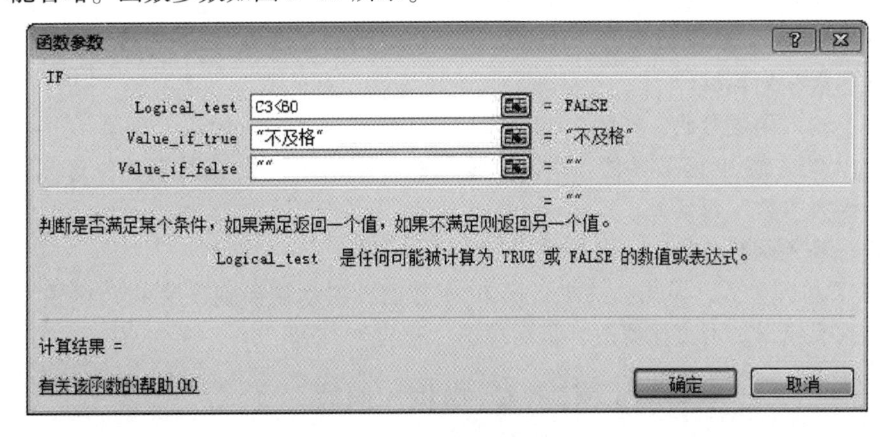

图 3-57　IF 函数参数条件框

（2）计算等级　计算等级，由于“等级”有5个级别，所以需要多级嵌套的IF函数，分数从高到低依次排列，优、良、中、及格、不及格。

单元格公式为：E3=IF（C3>=90,"优"，IF（C3>=80,"良"，IF（C3>=70,"中"，IF（C3>=60,"及格","不及格"））））。

函数输入方法如下：

① 输入第1层IF函数参数：定位E3单元格，输入“=IF（）”，单击编辑栏左侧“插入函数”，弹出IF函数“函数参数”对话框：

选择Logical_test文本框，鼠标获取“C3”单元格地址；输入“>=90”。

选择Value_if_true文本框，输入“优”（双引号自动添加）。

选择Value_if_false文本框，输入“IF（）”，如图3-58所示。

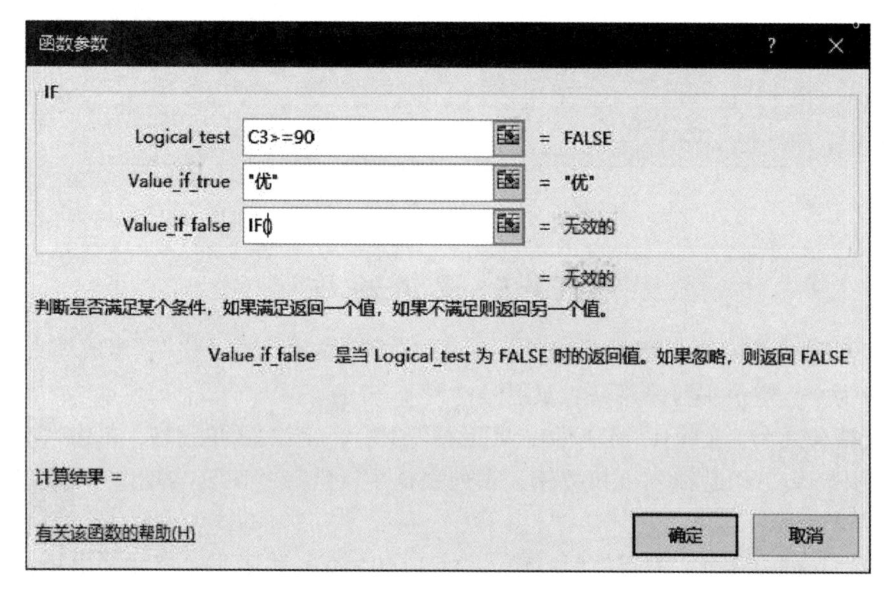

图3-58　第1层IF函数参数

② 输入第2层IF函数参数：单击“编辑栏”中第2层IF函数名，切换到第2层IF“函数参数”对话框。

同理，输入函数参数，如图3-59所示。

③ 输入第3层IF函数参数：单击“编辑栏”中第3层IF函数名称，切换到第3层IF“函数参数”对话框。

同理，输入函数参数，如图3-60所示。

④ 输入第4层IF函数参数：单击“编辑栏”中第4层IF函数名称位置，切换到第4层IF“函数参数”对话框。

同理，输入函数参数，如图3-61所示。

⑤ 查看单元公式，单击公式中各层IF函数名，自动切换到该层IF“函数参数”对话框，如果有错误，可直接修改，最后单击“确定”按钮。

任务6　数据库函数

（1）数据库最小值函数　计算字段为“成绩”。

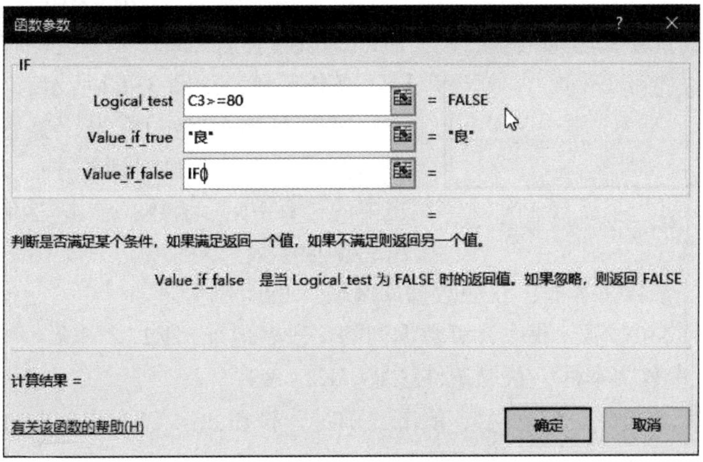

函数参数

IF

Logical_test　C3>=80　= FALSE

Value_if_true　"良"　= "良"

Value_if_false　IF()　=

=

判断是否满足某个条件，如果满足返回一个值，如果不满足则返回另一个值。

Value_if_false　是当 Logical_test 为 FALSE 时的返回值。如果忽略，则返回 FALSE

计算结果 =

有关该函数的帮助(H)　确定　取消

图 3-59　第 2 层 IF 函数参数

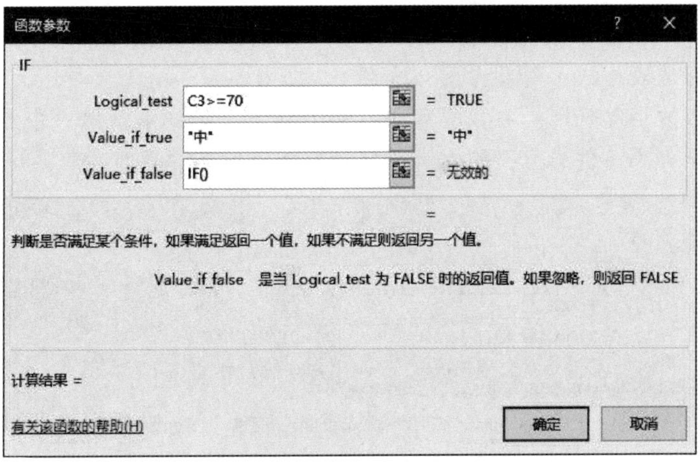

函数参数

IF

Logical_test　C3>=70　= TRUE

Value_if_true　"中"　= "中"

Value_if_false　IF()　= 无效的

=

判断是否满足某个条件，如果满足返回一个值，如果不满足则返回另一个值。

Value_if_false　是当 Logical_test 为 FALSE 时的返回值。如果忽略，则返回 FALSE

计算结果 =

有关该函数的帮助(H)　确定　取消

图 3-60　第 3 层 IF 函数参数

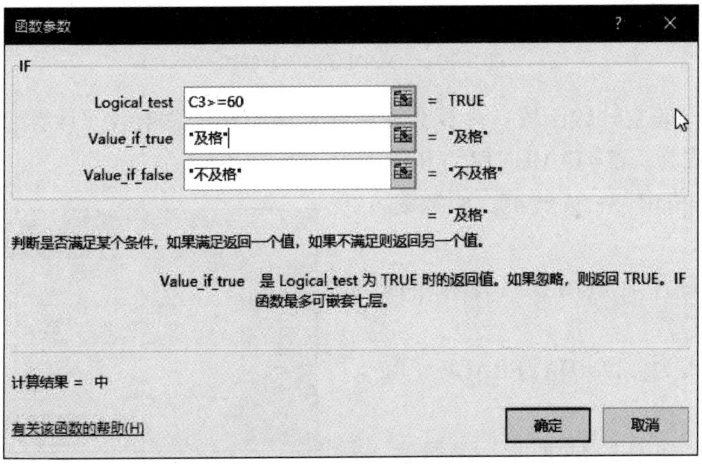

函数参数

IF

Logical_test　C3>=60　= TRUE

Value_if_true　"及格"　= "及格"

Value_if_false　"不及格"　= "不及格"

= "及格"

判断是否满足某个条件，如果满足返回一个值，如果不满足则返回另一个值。

Value_if_true　是 Logical_test 为 TRUE 时的返回值。如果忽略，则返回 TRUE。IF 函数最多可嵌套七层。

计算结果 = 中

有关该函数的帮助(H)　确定　取消

图 3-61　第 4 层 IF 函数参数

	K	L
2	系	
3	会计系	

图 3-62 最小值函数条件区域

单元格公式为：D20＝DMIN（A1:D18，D1，$H$2：$H$3）。

条件区域，如图 3-62 所示。

选择 I2 单元格，单击“插入函数”按钮，在弹出“插入函数”对话框中，选择“数据库”类中的“DMIN”函数，单击“确定”按钮，弹出“函数参数”对话框。

“Database”参数文本框，获取数据库区域“B2：E19”。

“Field”参数文本框，获取计算数据列的字段名地址“E2”。

“Criteria”参数文本框，获取条件区域“K2：K3”。

输入各参数，如图 3-63 所示。单击“确定”按钮。

提示：

参数“Field”获取计算字段的单元格地址，数据库函数中只能获取一个字段地址作为计算字段。

参数“Criteria”表示条件区域，条件区第一行为数据库表的相关字段，下面各项以关系运算符开始的表达式（等于号可以省略）。

数据库函数的运算规则：在数据库中，从上到下，对每一条记录中相关字段按设置条件进行判断，如果条件成立，则对计算字段数据进行各种运算。

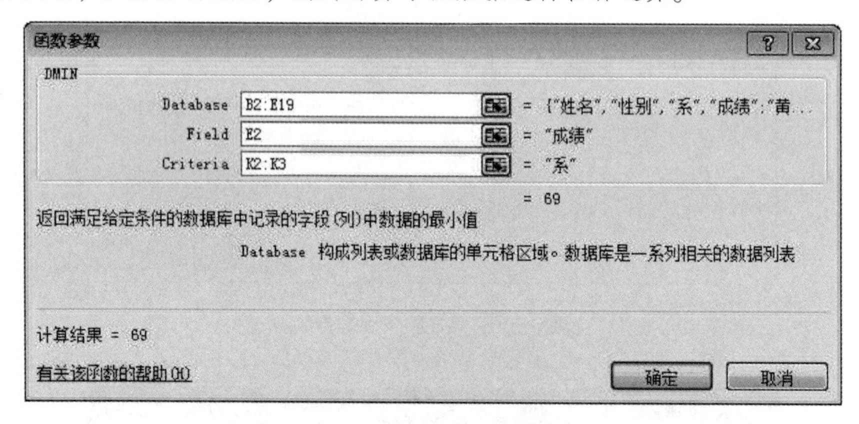

图 3-63 DMIN 函数参数的输入

（2）数据库非空计数函数 计算会计系和管理系女生总人数。计算字段为“系”。

单元格公式为：I5＝DCOUNTA（B2：E19，B2，K5：L7）。

条件区域，如图 3-64 所示。函数输入，如图 3-65 所示。

（3）数据库平均值函数 计算字段为“成绩”。

单元格公式为：I9＝DAVERAGE（B2：E19，E2，K9：L10）。

条件区域，如图 3-66 所示；函数输入，如图 3-67 所示。

	K	L
5	系	性别
6	会计系	女
7	管理系	女

图 3-64 非空计数函数条件区域

函数参数
DCOUNTA
Database　B2:E19　= {"姓名","性别","系","成绩";"黄三磊",...
Field　B2　= "姓名"
Criteria　K5:L7　= K5:L7
= 6
对满足指定条件的数据库中记录字段(列)的非空单元格进行记数
Database　是构成列表或数据库的单元格区域。数据库是相关数据的列表
计算结果 = 6
有关该函数的帮助(H)
确定
取消

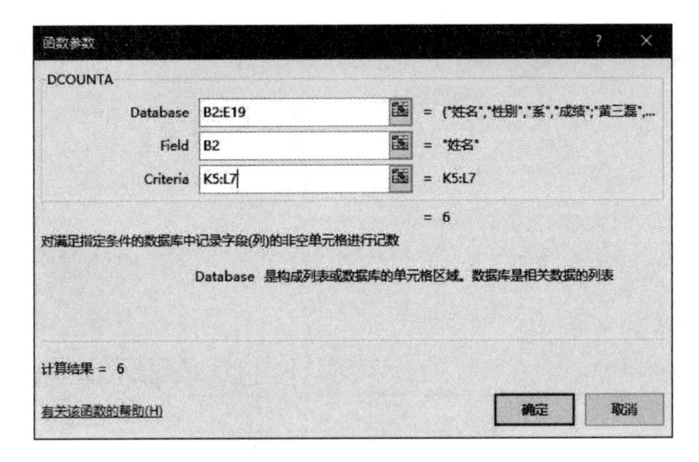

图 3-65　DCOUNTA 函数参数

		K	L
5		系	性别
6		会计	女

图 3-66　平均值函数条件区域

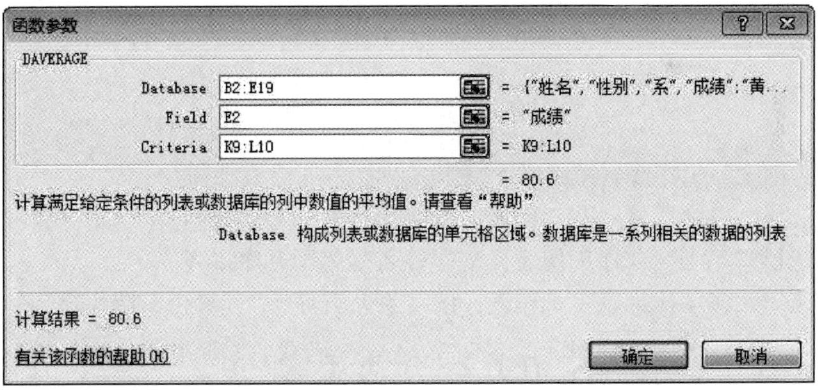

函数参数
DAVERAGE
Database　B2:E19　= {"姓名","性别","系","成绩";"黄...
Field　E2　= "成绩"
Criteria　K9:L10　= K9:L10
= 80.6
计算满足给定条件的列表或数据库的列中数值的平均值。请查看"帮助"
Database　构成列表或数据库的单元格区域。数据库是一系列相关的数据的列表
计算结果 = 80.6
有关该函数的帮助(H)
确定
取消

图 3-67　DAVERAGE ( ) 函数参数

(4) 数据库数值计数函数　计算字段为"成绩"。

单元格公式为：DI13=DCOUNT（B2：E19,E2,K13：L14）。

条件区域，如图 3-68 所示；函数输入，如图 3-69 所示。

		K	L
5		系	成绩
6		管理系	<60

图 3-68　数值计数函数条件区域

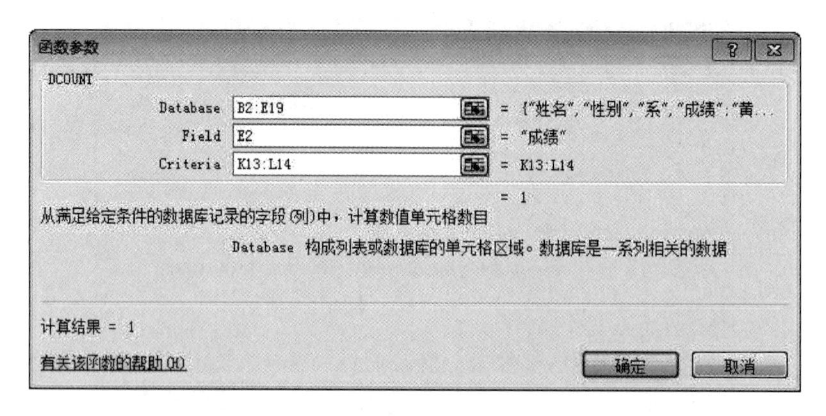

图 3-69　DCOUNT 函数的输入

项目五　数据管理与分析

数据库应用主要包括数据库函数、排序、分类汇总、自动筛选、筛选、数据透视表以及图表。

项目内容

任务 1　排　　序

打开“排序”工作簿，完成以下操作。

（1）选择“单字段排序”工作表，按“计算机”升序排列。

（2）选择“笔画”排序工作表，按“姓名”笔画升序排列。

（3）选择“多字段排序”工作表，按“系”升序，“计算机”降序排列。

任务 2　分 类 汇 总

打开“分类汇总”工作簿，完成以下操作。

（1）选择“单级分类汇总”工作表，以“系”为单位，汇总“计算机”成绩的平均分（保留 1 位小数）。

（2）选择“多级分类汇总”工作表，以“系”为一级，“性别”为二级，汇总“英语”成绩的最高分。

（3）选择“删除汇总”工作表，删除已建立的分类汇总。

任务 3　自 动 筛 选

打开“自动筛选”工作表，完成下列操作。

（1）选择“简单筛选”工作表，筛选“计算机”成绩大于或等于 80 分的记录。

（2）选择“复杂筛选”工作表，筛选“计算机”成绩大于等于 60 分小于 80 分的记录。

（3）选择“多字段筛选”工作表，筛选会计系“计算机”成绩大于等于 80 分的记录。

（4）选择“匹配筛选”工作表，筛选姓王的记录。

（5）选择“取消筛选”工作表，取消已建立的自动筛选。

任务 4 高级筛选

打开“高级筛选”工作簿，完成下列操作。要求：条件区分别建立在以 H2 为左上角的单元区域内，筛选结果复制到以 A21 为左上角的区域。

（1）选择“与条件筛选”工作表，筛选 1986 年下半年出生的记录。

（2）选择“或条件筛选”工作表，筛选“计算机”或“英语”成绩不及格的记录。

（3）选择“复杂条件筛选”工作表，筛选男生且“计算机”成绩大于等于 80 分或者女生且“计算机”成绩大于等于 70 分的记录。

任务 5 数据透视

打开“数据透视”工作簿。

（1）选择“数据透视”工件表，创建数据透视表，行为“系”，列为“性别”，汇总数据项为“计算机”，汇总方式为“平均值”，存放本表页中。

（2）设置汇总区域水平垂直居中，汇总数据保留 1 位小数。

（3）复制“数据透视”表，交换行列字段。

任务 6 图 表

打开“图表”工作簿，完成以下操作。

（1）选择“簇状图”工作表，利用字段“姓名”“计算机”，制作簇状柱形图。

要求：数据系列产生在列，图表标题为“学生成绩”，分类轴标题为“姓名”、数值轴标题为“成绩”。

（2）增减数据列 复制“图表”，在该图表中增加“英语”“高数”系列，删除“计算机”系列；设置“刻度最小值”为“40. 0”；主要刻度单位为“10. 0”，采用“图表样式 3”。

（3）选择“饼图”工作表，利用字段“姓名”“总分”制作分离的三维饼图。图例放置在图表底部，数据标志显示类型名称和值。

项目实施

任务 1 排 序

（1）单字段排序 选择“单字段排序”工作表，定位 D2 单元格，单击“数据”选项卡→“排序和筛选”组→“升序”按钮，完成排序（空白排序在最后）。排序效果如图 3-70 所示。

（2）笔画排序 选择“笔画排序”工作表，定位数据表任一单元格，单击“数据”

	A	B	C	D	E	F
1	"计算机"升序排序					
2	姓名	性别	系	计算机	英语	高数
3	赵姗	女	会计系	91	82	83
4	张华军	男	外语系	88	83	81
5	李元刚	男	外语系	86	75	86
6	王洁平	女	会计系	84		84
7	吴丽	女	会计系	84	86	76
8	黄三磊	女	艺术系	72	61	
9	李文艺	男	管理系	72	81	75
10	杨丽婷	女	会计系	72	78	76
11	张斌	女	会计系	72	78	76
12	伍杰	男	会计系	71	76	75

图3-70　"计算机"升序排序效果

选项卡→"排序与筛选"组→"排序"，弹出"排序"对话框中，选中"数据包含标题"，"主要关键字"选择"姓名"，"排序依据"选择"数值"，"次序"选择"升序"，如图3-71所示。

单击"选项"按钮，弹出"排序选项"对话框，在"方法"选项区域中，选择"笔划排序"，如图3-72所示，单击"确定"按钮，返回"排序"对话框，单击"确定"按钮。排序效果如图3-73所示。

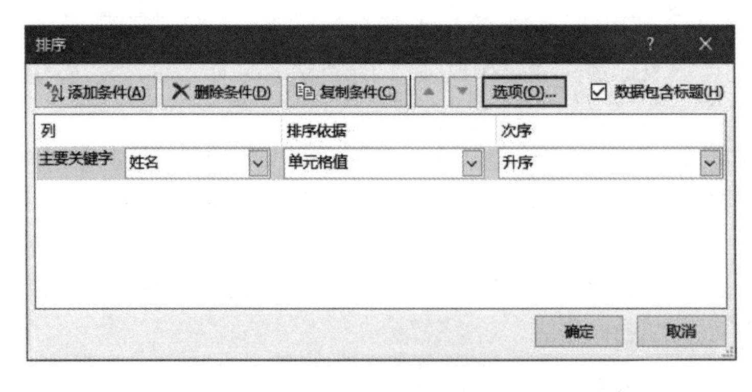

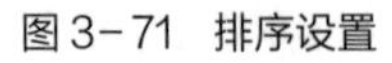
图3-71　排序设置

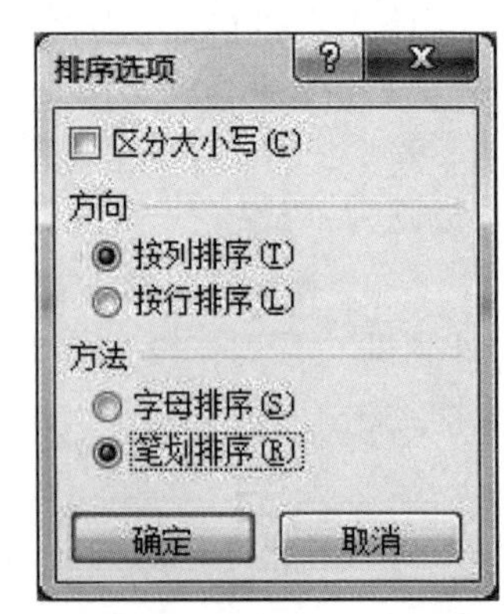

图3-72　排序选项

（3）多字段排序　选择"多字段排序"工作表，定位数据表中任意一个单元格，在"排序"对话框中，选择"数据包含标题"，"主要关键字"选择"系"，"排序依据"选择"数值"，"次序"选择"升序"；单击"添加条件"按钮，添加"次要关键字"行，"次要关键字"选择"计算机"，"排序依据"选择"数值"，"次序"选择"降序"；如图3-74所示，单击"确定"按钮。排序效果如图3-75所示。

	A	B	C	D	E	F
1	姓名笔划升序排序					
2						
3	姓名	性别	系	计算机	英语	高数
4	王小明	男	会计系	69	85	71
5	王刚	男	管理系	84	74	89
6	王伊燕	女	管理系	65	84	76
7	王建平	男	艺术系	58	73	78
8	王洁平	女	会计系	84		84
17	张斌	女	会计系	72	78	76
18	周杰	男	会计系	71	76	75
19	赵姗	女	会计系	91	82	83
20	黄三磊	女	艺术系	72	61	

图 3-73　姓名笔划排序效果

图 3-74　排序设置

	A	B	C	D	E	F
1	系升序计算机降序排序					
2						
3	姓名	性别	系	计算机	英语	高数
4	王刚	男	管理系	84	74	89
5	李文艺	男	管理系	72	81	75
6	王伊燕	女	管理系	65	84	76
15	张华军	男	外语系	88	83	81
16	李元刚	男	外语系	86	75	86
17	杨阳	女	外语系	67	81	72
18	黄三磊	女	艺术系	72	61	
19	王建平	男	艺术系	58	73	78
20	刘宏	男	艺术系	45	89	78

图 3-75　系升序计算机降序排列效果

任务2 分类汇总

(1) 单级分类汇总

① 排序：选择“单级分类汇总”工作表，按“系”升序排序。

② 分类汇总：单击“数据”选项卡→“分级显示”组→“分类汇总”，弹出“分类汇总”对话框。在“分类字段”列表框中，选择“系”。在“汇总方式”列表框中，选择“平均值”。在“选定汇总项”列表框中，选中“计算机”。选中“替换当前分类汇总”“汇总结果显示在数据下方”，如图3-76所示，单击“确定”。

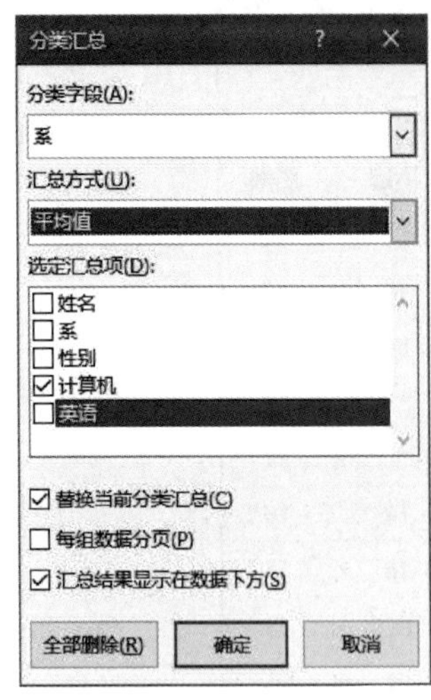

图3-76 分类汇总设置

③ 格式设置：选择D7单元格，单击“开始”选项卡→“数字”组→“减少小数位数”，不断单击，至1位小数，再使用格式刷，刷其他汇总单元格。分类汇总效果如图3-77所示。

行	A	B	C	D	E
1	以“系”为单位，汇总“计算机”的平均分				
2	姓名	性别	系	计算机	英语
3	黄三磊	女	艺术系	72	61
4	王建平	男	艺术系	58	73
5			艺术系 平均值	65.0	
9			外语系 平均值	80.3	
15			会计系 平均值	77.4	
19			管理系 平均值	73.7	
20			总计平均值	75.3	

图3-77 单级分类汇总效果

(2) 多级分类汇总

① 排序：在排序对话框中，选中“多级分类汇总”工作表，按主要关键字“系”升序，次要关键字“性别”降序排序，如图3-78所示，单击“确定”按钮。

② 一级分类汇总：按“系”对“英语”汇总“最大值”，选中“替换当前分类汇总”和“汇总结果显示在数据下方”，如图3-79所示，单击“确定”按钮。

③ 二级分类汇总：按“性别”对“英语”汇总“最大值”，取消“替换当前分类汇总”（一定要取消此项），如图3-80所示，单击“确定”按钮。分类汇总效果如图3-81所示。

排序
添加条件(A)
删除条件(D)
复制条件(C)
选项(O)...
数据包含标题(H)
列
排序依据
次序
主要关键字
系
数值
升序
次要关键字
性别
数值
降序
确定
取消

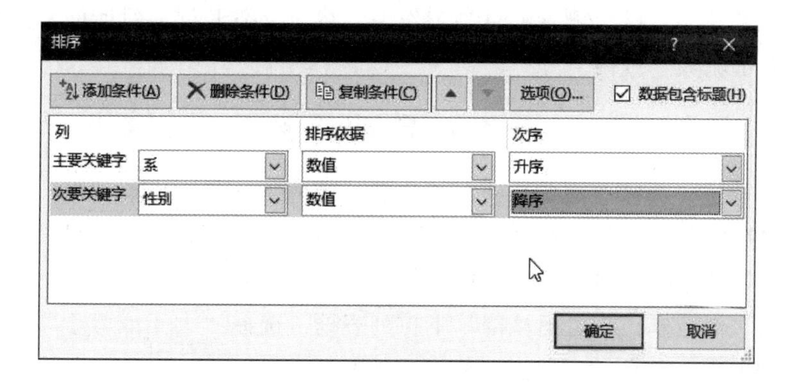

图 3-78　多字段排序

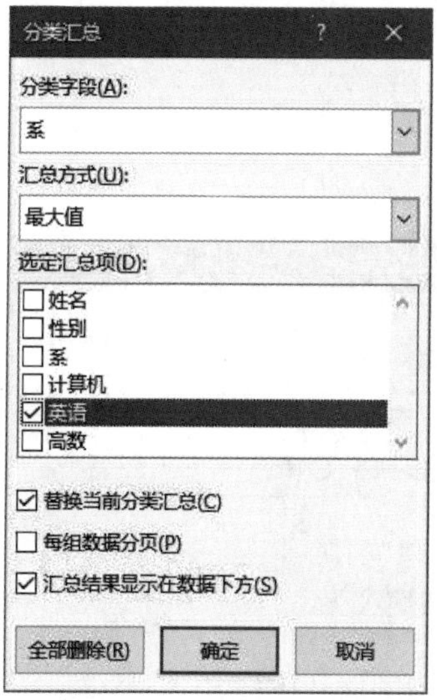

分类汇总
分类字段(A):
系
汇总方式(U):
最大值
选定汇总项(D):
姓名
性别
系
计算机
英语
高数
替换当前分类汇总(C)
每组数据分页(P)
汇总结果显示在数据下方(S)
全部删除(R)
确定
取消

图 3-79　一级分类汇总

分类汇总
分类字段(A):
性别
汇总方式(U):
最大值
选定汇总项(D):
姓名
性别
系
计算机
英语
高数
替换当前分类汇总(C)
每组数据分页(P)
汇总结果显示在数据下方(S)
全部删除(R)
确定
取消

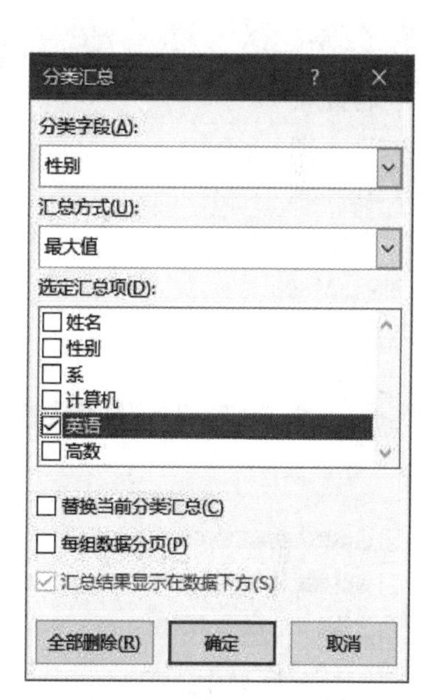

图 3-80　二级分类汇总

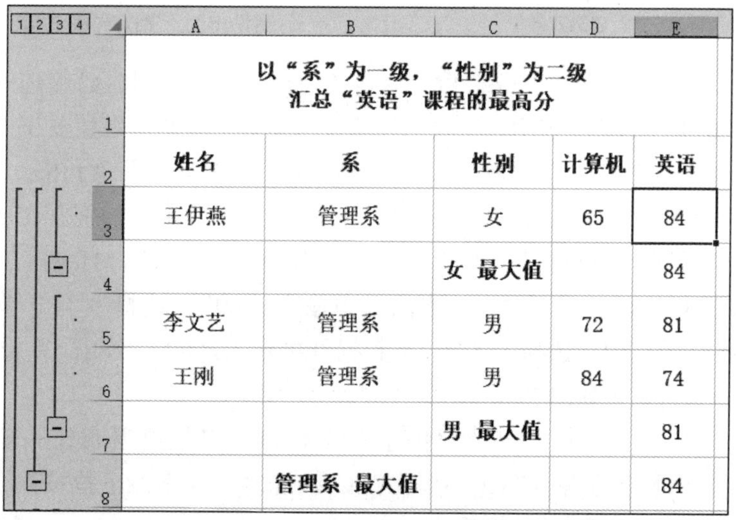

以“系”为一级，“性别”为二级
汇总“英语”课程的最高分
姓名　系　性别　计算机　英语
王伊燕　管理系　女　65　84
女 最大值　84
李文艺　管理系　男　72　81
王刚　管理系　男　84　74
男 最大值　81
管理系 最大值　84

图 3-81　多级分类汇总的效果

（3）删除汇总　选择“删除汇总”工作表，在“分类汇总”对话框，如图 3-82 所示，单击“全部删除”按钮。

任务3　自动筛选

（1）简单筛选　选择“简单筛选”工作表，定位数据表任一单元格，单击“数据”选项卡→“排序和筛选”组→“筛选”，每个字段的右侧，显示一个下拉按钮，单击“计算机”字段下拉按钮，在列表框中，选择“数字筛选”→“大于或等于”，弹出“自定义自动筛选方式”对话框，在“运算符”下拉列表框，选择“大于或等于”，在数值框中输入“80”，如图 3-83 所示，单击“确定”按钮。

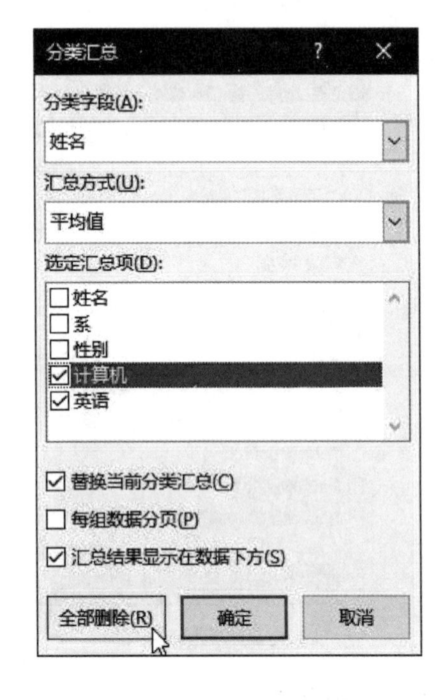

图 3-82　删除分类汇总的效果

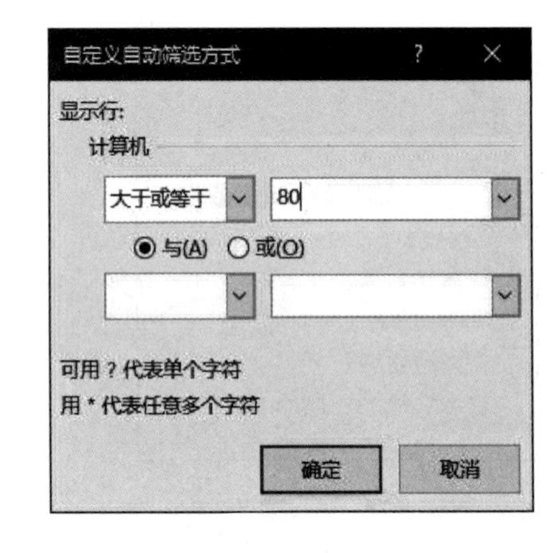

图 3-83　“自定义自动筛选方式”对话框

筛选之后，不满足条件的记录隐藏，满足条件记录显示，同时已筛选的字段右侧按钮添加一个“漏斗”标记，表示该字段已设置筛选条件。筛选结果如图 3-84 所示。

（2）复杂筛选　选择“复杂筛选”工作表，定位数据表任一单元格，单击“数据”选项卡→“排序和筛选”组→“筛选”，单击“计算机”字段下拉按钮，在下拉列表中选择“数字筛选”→“自定义筛选”，弹出“自定义自动筛选方式”对话框，在“运算符”下拉列表框中选择“大于或等于”，数值框中输入“60”，选择“与”单选按钮，在“运算符”下拉列表框中，选择“小于”，数据框中输入“80”，如图 3-85 所示，单击“确定”按钮。筛选结果如图 3-86 所示。

（3）多字段筛选　选择“多字段筛选”工作表，定位数据表任一单元格，单击“数据”选项卡→“排序和筛选”组→“筛选”，单击“系”字段下拉按钮，在下拉列表中，取消“(全选)”，选择“会计系”。

筛选“计算机”大于或等于80的记录

	姓名	性别	出生日期	系	计算机	英语
4	李元刚	男	1991-4-10	外语系	86	75
5	王刚	男	1990-9-16	管理系	84	74
7	王洁平	女	1990-9-21	会计系	84	
12	张华军	男	1989-8-19	外语系	88	83
14	赵姗	女	1991-5-19	会计系	91	52
16	蔡长虹	女	1991-6-12	会计系	88	83
19	冯广超	男	1993-6-11	会计系	84	74
21	黄艳秋	女	1992-10-4	管理系	84	

图 3-84　简单筛选效果

单击“计算机”字段下拉按钮，在下拉列表中选择“数字筛选”→“大小或等于”，弹出“自定义自动筛选方式”对话框，在数值框中，输入“80”，筛选结果如图 3-87 所示。

（4）匹配筛选　选择“匹配筛选”工作表，定位数据表任一单元格，单击“数据”选项卡→“排序和筛选”组→“筛选”，启动自动筛选，在“姓名”字段下拉列表中，选择“文本筛选”→“开头是”，弹出“自定义自动筛选方式”对话框，在数值框中，输入“王”，如图 3-88 所示，单击“确定”按钮。筛选结果如图 3-89 所示。

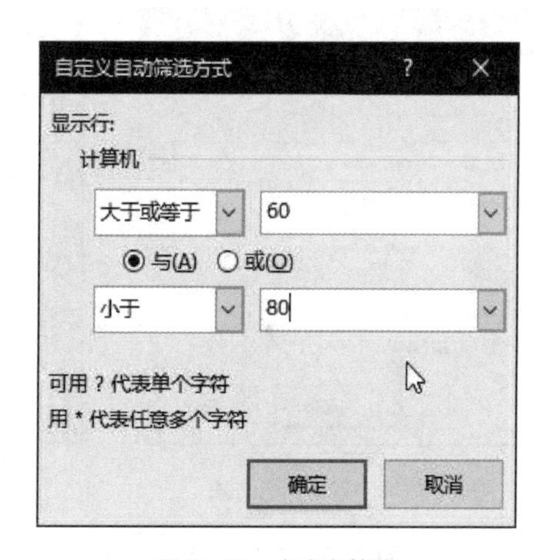

图 3-85　自定义筛选

筛选“计算机”大于等于60且小于80的记录

	姓名	性别	出生日期	系	计算机	英语
3	李文艺	男	1994-3-4	管理系	72	81
8	王小明	男	1994-2-14	会计系	69	85
9	王伊燕	女	1989-9-26	管理系	65	84
10	伍杰	男	1992-11-9	会计系	71	76
11	杨丽婷	女	1989-7-14	会计系	72	78
13	杨阳	女	1990-2-27	外语系	67	81

图 3-86　复杂筛选效果

	A	B	C	D	E	F
1	筛选“系”为会计系且“计算机”大于等于80的记录					
2	姓名	性别	出生日期	系	计算机	英语
4	李元刚	男	1991-4-10	外语系	86	75
5	王刚	男	1990-9-16	管理系	84	74
7	王洁平	女	1990-9-21	会计系	84	
12	张华军	男	1989-8-19	外语系	88	83
14	赵姗	女	1991-5-19	会计系	91	52
16	蔡长虹	女	1991-6-12	会计系	88	83

图 3-87　多字段筛选效果

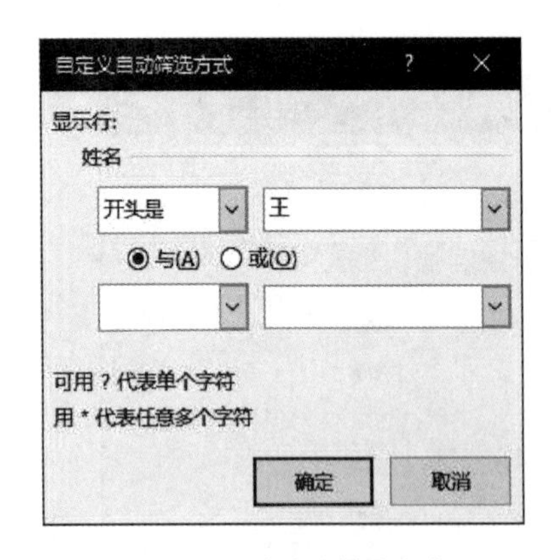

图 3-88　自定义筛选方式

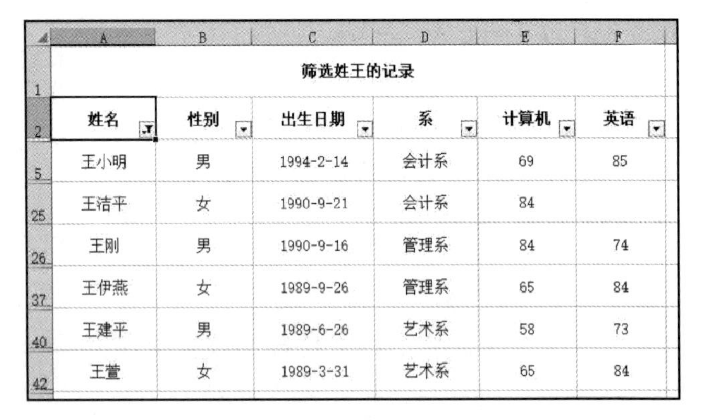

	A	B	C	D	E	F
1	筛选姓王的记录					
2	姓名	性别	出生日期	系	计算机	英语
5	王小明	男	1994-2-14	会计系	69	85
25	王洁平	女	1990-9-21	会计系	84	
26	王刚	男	1990-9-16	管理系	84	74
37	王伊燕	女	1989-9-26	管理系	65	84
40	王建平	男	1989-6-26	艺术系	58	73
42	王萱	女	1989-3-31	艺术系	65	84

图 3-89　匹配筛选效果

（5）取消筛选　选择“取消筛选”工作表，定位数据表任一单元格，单击“数据”选项卡→“排序和筛选”组→“筛选”，取消自动筛选。

任务 4　高级筛选

（1）与条件筛选

条件分析：

条件：1986 年下半年出生，构成条件表达式为：“出生日期”>=1986-6-1 与“出生日期”<=1986-12-31，转化为条件区域，需要两个“出生日期”字段，且同行。

	H	I
1		
2	出生日期	出生日期
3	>=1986-6-1	<=1986-12-31

图 3-90　建立条件区

选中“与条件筛选”工作表，建立条件，如图 3-90 所示。

定位数据库表任一单元格，单击“数据”选项卡→“排序和筛选”组→“高级”，弹出“高级筛选”对话框。

选中“将筛选结果复制到其他位置”。

在“列表区域”文本框中，自动获取筛选区域地址。

在“条件区域”文本框中，鼠标获取条件区域地址 H2：I3。

在“复制到”文本框中，获取筛选结果复制位置A21。一般只选择数据区域的左上角单元格，如图 3-91 所示。单击“确定”按钮，筛选效果如图 3-92 所示。

(2) 或条件筛选

条件分析：

条件表达式为：“计算机”<60 或者“英语”<60，转化条件区域，条件表达式不同行。

选择“或条件筛选”工作表，建立条件区域，如图 3-93 所示。

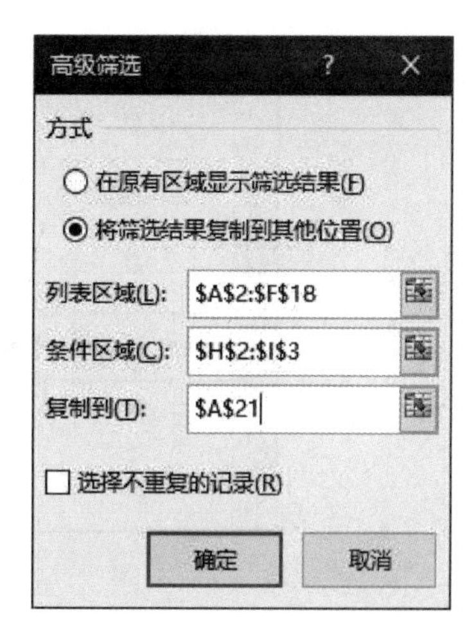

图 3-91 “与条件”高级筛选设置

	A	B	C	D	E	F
17	范文喧	女	1986-4-6	外语系	67	81
18	方玉淳	女	1985-10-1	外语系	45	85
19						
20						
21	姓名	性别	出生日期	系	计算机	英语
22	王刚	男	1986-10-1	管理系	84	74
23	王伊燕	女	1986-12-28	管理系	65	84

图 3-92 “与条件”高级筛选效果

在“高级筛选”对话框中，设置筛选内容，如图 3-94 所示。单击“确定”按钮。筛选结果如图 3-95 所示。

	G	H	I
1			
2		计算机	英语
3		<60	
4			<60

图 3-93 建立条件区

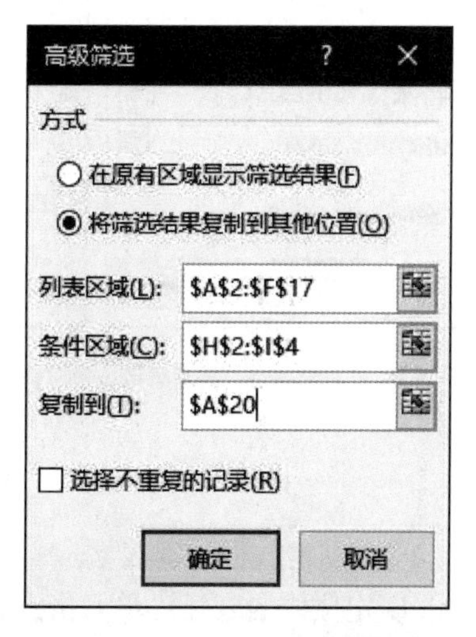

图 3-94 “或条件”高级筛选设置

	A	B	C	D	E	F
16	蔡长虹	女	1985-5-21	会计系	88	83
17	范文喧	女	1986-4-6	外语系	67	81
18						
19						
20	姓名	性别	出生日期	系	计算机	英语
21	王建平	男	1985-10-1	艺术系	58	73
22	赵姗	女	1986-3-9	会计系	91	52

图 3-95 “或条件”高级筛选效果

	H	I
1		
2	性别	计算机
3	男	>=80
4	女	>=70

图 3-96 建立条件区

(3) 复杂条件筛选

条件分析：

该条件由四个条件表达式构成，表达式为：(“性别” =" 男" 与“计算机” >=80) 或者 (“性别” =" 女" 与“计算机” >=70)，转化为条件区域，与为同行，或为异行。

选择“复杂条件筛选”工作表，建立条件区，如图 3-96 所示。

在“高级筛选”对话框中，设置筛选内容，如图 3-97 所示。单击“确定”按钮。筛选结果如图 3-98 所示。

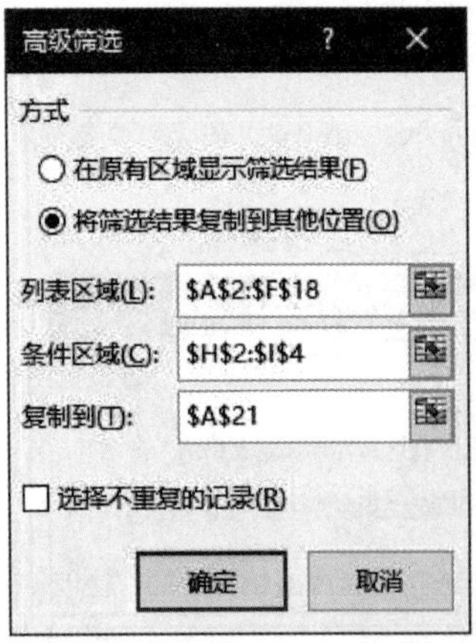

高级筛选 ? ×

方式

○ 在原有区域显示筛选结果(F)

◉ 将筛选结果复制到其他位置(O)

列表区域(L): $A$2:$F$18

条件区域(C): $H$2:$I$4

复制到(T): $A$21

☐ 选择不重复的记录(R)

确定 取消

图 3-97 “复杂条件”高级筛选设置

	A	B	C	D	E	F
21	姓名	性别	出生日期	系	计算机	英语
22	李元刚	男	1985-4-21	外语系	86	75
23	王刚	男	1986-10-1	管理系	84	74
24	王洁平	女	1987-4-23	会计系	84	
25	杨丽婷	女	1986-5-9	会计系	72	78
26	张华军	男	1984-5-28	外语系	88	83
27	赵姗	女	1986-3-9	会计系	91	52
28	黄三磊	女	1984-4-28	艺术系	72	61
29	蔡长虹	女	1985-5-21	会计系	88	83

图 3-98 “复杂条件”筛选效果

任务 5 数据透视

(1) 创建数据透视表

① 定位数据表任一单元格，单击“插入”选项卡→“表格”组→“数据透视表”，弹出“创建数据透视表”对话框，自动选中“选择一个表或区域”，并获取数据库区域；

选中“现有工作表”，获取“I5”，如图 3-99 所示，单击“确定”按钮。

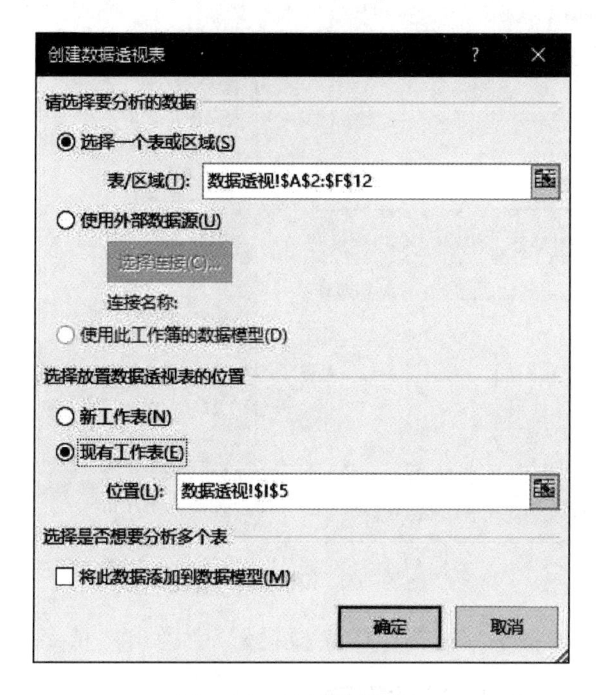

图 3-99　创建数据透视表

② 在工作表中，生成“数据透视表 1”初始样式的同时，在程序窗口右侧中，显示“数据透视表字段”窗格，如图 3-100 所示。

图 3-100　设计窗口

③ 设计数据透视表：在列表中，拖动“系”到“行标签”区，“性别”到“列标签”区，“计算机”到“数据”区，如图 3-101 所示。

④ 变换汇总方式：在“数据透视表字段”窗格中，单击“值”中“求和项：计算

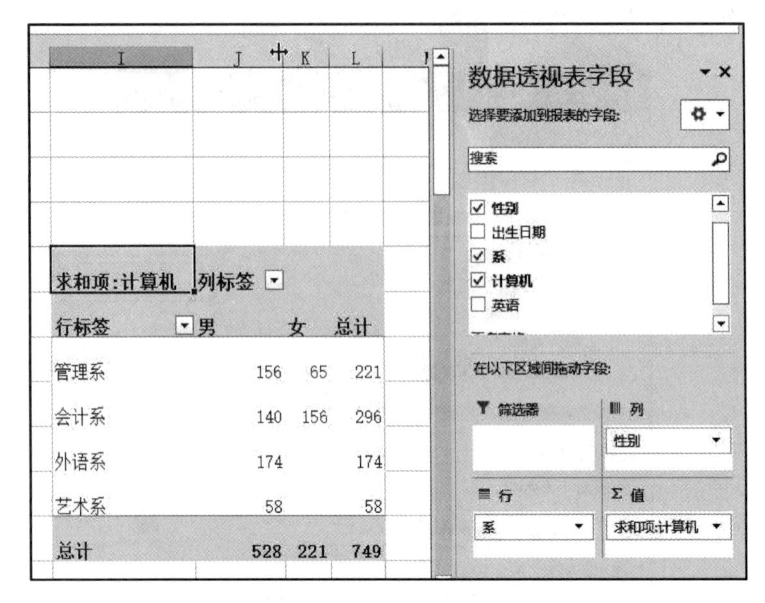

图 3-101　设计数据透视表

机”下拉按钮，在列表框中，选择“值字段设置”，弹出“值字段设置”对话框，在“计算类型”列表框中，选择“平均值”，如图 3-102 所示。设计结果如图 3-103 所示。

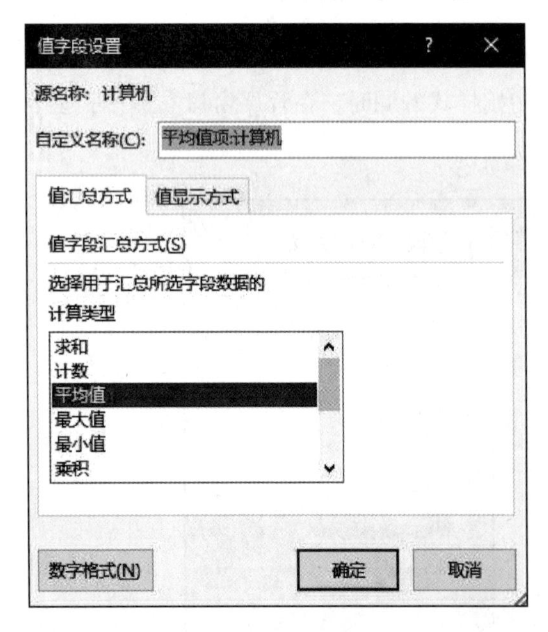

图 3-102　选择计算类型

（2）设置格式　设置数据透视表区域，垂直，水平对齐，汇总数据格式，保留 1 位小数，如图 3-104 所示。

（3）交换行列字段　按“Ctrl”键，拖动复制“数据透视表”，自动取名“数据透视（2）”工作表。

选择“数据透视（2）”工作表，定位数据透视表任一单元格，在“数据透视表字段列表”中（如果没有显示，单击“数据透视表工具/选项”选项卡→“显示”组→“字段列表”），单击“列标签”中“性别”下拉按钮，在列表框中，选择“移动到行标签”，同理，“系”移到列标签。效果如图 3-105 所示。

任务 6　图　　表

（1）制造簇状图

① 选择“簇状图”工作表，选中“姓名”“计算机”两列数据，单击“插入”选项卡→“图表”组→“插入柱形图或条形图”下拉按钮，在列表框中，选择“二维柱形图/簇状柱形图”，在工作表中，生成图表，如图 3-106 所示。

平均值项:计算机	列标签		
行标签	男	女	总计
管理系	78	65	73.66666667
会计系	70	78	74
外语系	87		87
艺术系	58		58
总计	75.42857143	73.66666667	74.9

图 3-103 设计结果

平均值项:计算机	列标签		
行标签	男	女	总计
管理系	78.0	65.0	73.7
会计系	70.0	78.0	74.0
外语系	87.0		87.0
艺术系	58.0		58.0
总计	75.4	73.7	74.9

图 3-104 透视效果

平均值项:计算机	列标签				
行标签	管理系	会计系	外语系	艺术系	总计
男	78.0	70.0	87.0	58.0	75.4
女	65.0	78.0			73.7
总计	73.7	74.0	87.0	58.0	74.9

图 3-105 交换行列后的设计效果

② 选择图表，单击图表右上角图表元素按钮，在下拉列表框中，选中“坐标轴标题”，修改以及输入三个标题名称，如图 3-107 所示。

（2）增减数据列

① 采用“复制”+“粘贴”方式，复制图表，选择该“图表”，单击“图表工具/设计”选项卡→“数据”组→“选择数据”，弹出“选择数据源”对话框，删除“图表数据区域”文本框中数据地址，重新选择“A2：D8”，在“图例页（系列）”列表框中，选择“计算机”，单击“删除”按钮，并增加“英语”“高数”系列，如图 3-108 所示。

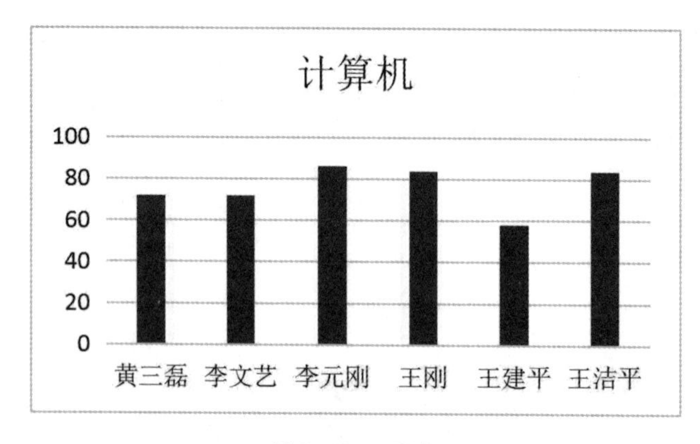

图 3-106 图表

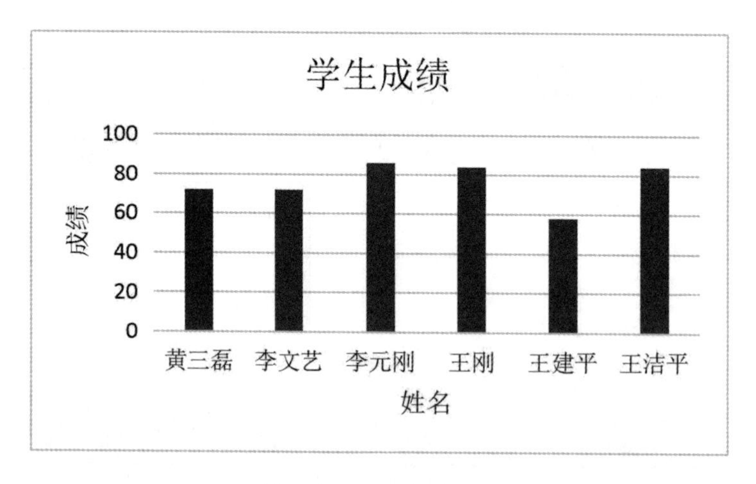

图 3-107 设置图表标题

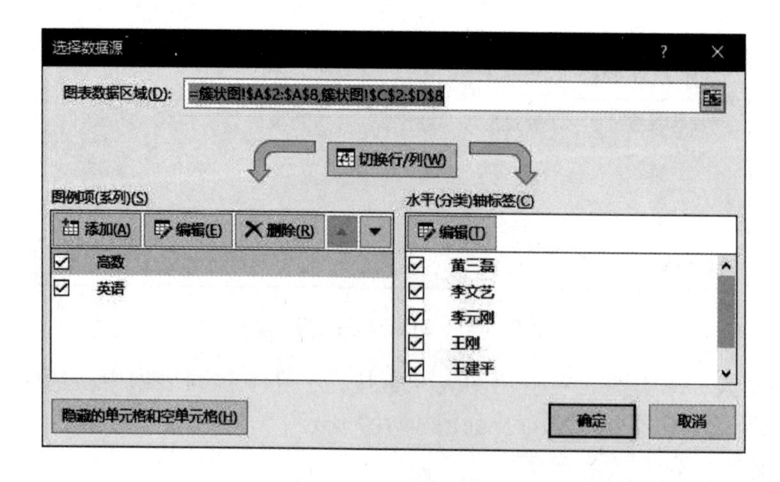

图 3-108 “选择数据源”对话框

② 选择图表“数值轴”，右击，选择快捷菜单“设置坐标轴格式”，弹出“设置坐标轴格式”窗格，自动定位于“坐标轴选项”，输入最小值“40.0”；输入主要“10.0”，如图 3-109 所示。单击关闭。

③ 选择图表，在“图表工具/设计”→“图表样式”列表框中，选择“图表样式 3”，设计效果，如图 3-110 所示。

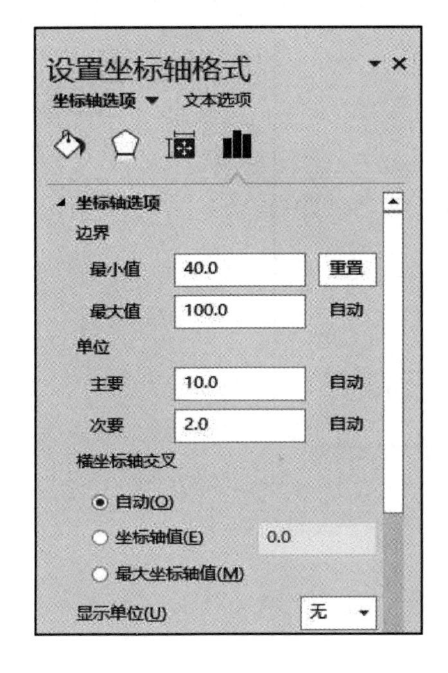

图 3-109　“设置坐标轴格式”对话框

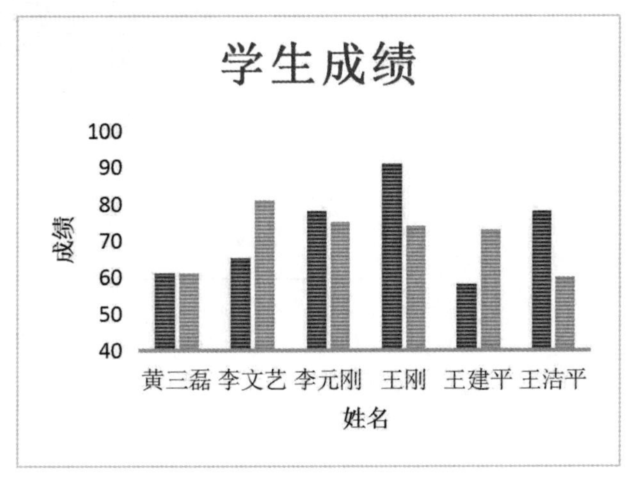

图 3-110　设置效果

（3）制作饼图

① 选择“饼图”工作中，选择“姓名”“总分”两列，单击“插入”选项卡→“图表”→“饼图”下拉按钮，在列表框中，选择“三维饼图”，效果如图 3-111 所示。

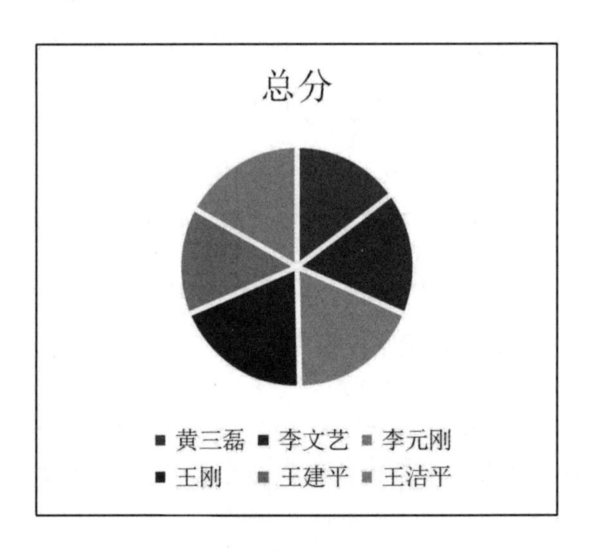

图 3-111　设计三维饼图

② 选择图表，单击图表右上角“图表元素”按钮，在列表框中，选中“数据标签”。效果如图 3-112 所示。

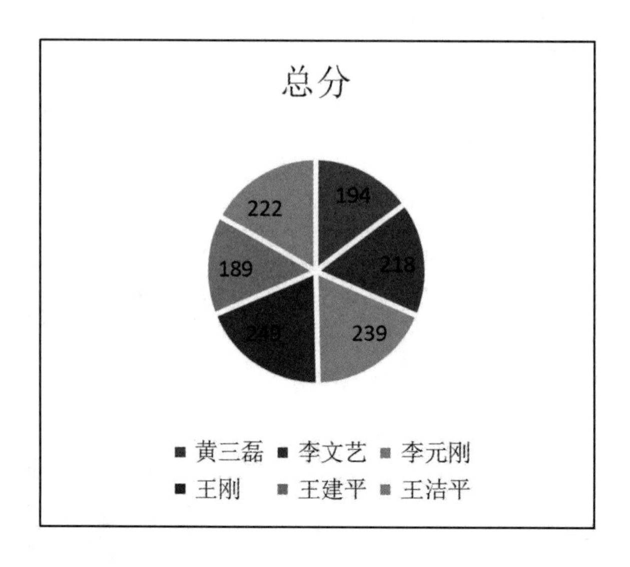

图 3-112 三维饼图效果

项目六 Excel 综合实训

打开“综合实训”工作簿，完成以下操作。

任务 1 数据填充

选择“工资表”工作表，A3：A16 区域填充职工编号，编号为 ZG001～ZG015。

任务 2 列表输入

选择“工资表”工作表，部门区域 B3：B16 通过列表输入，三个部门分别是“人力资源部”“市场部”“财务部”。设置后，任意输入后 5 条记录部门。

任务 3 格式化总表

选择“工资表”工作表，设置字段行字体为“宋体”，字号为“14”，加粗，水平垂直方向居中，自动换行；填充浅绿色。

设置记录行字体为“宋体”，字号为“12”，字符型单元格水平居中、垂直居中，数字型单元格右对齐，垂直居中，数值型保留 2 位小数，负数用红色表示（不显示符号）。

任务 4 公式

选择“工资表 1”工作表，计算“实发工资”：实发工资 = 基本工资 + 岗位津贴 + 保险扣款 + 其他奖金。

任务5 高级筛选

选择“工资表2”工作表，筛选“财务部”，实发工资大于等于5000元的员工。条件区建立在原数据空一列的右边，结果存放在原数据空一行的下面。

任务6 分类汇总

选择“工资表3”工作表，按部门统计实发工资的总和。

任务7 数据透视表

选择“工资表4”工作表，制作各部门实发工资汇总的数据透视表。

任务8 图表

选择“工资表5”工作表，制作各部门工资汇总的三维饼图，并显示“数据标签”。

MODULE 4

模块四

PowerPoint 2016 基本操作

通过本项目操作，掌握幻灯片三大内容，即幻灯片编辑、幻灯片格式和幻灯片放映。幻灯片上存在各种占位符，不同占位符，其格式不同，放映时可添加各种动画效果。

项目一　幻灯片编辑

项目内容

打开“幻灯片编辑”演示文稿，完成以下操作。

任务1　幻灯片版式

选择第1张幻灯片。更改版式为“标题幻灯片”，设置标题字体为“黑体”，字号为“48”，副标题区插入系统的当前日期，日期格式为“××××年××月××日”。

任务2　插入图片

选择第2张幻灯片。插入“企业形象”图片文件，图片大小：高10厘米，宽15厘米。图片样式：棱台形椭圆，黑色。

任务3　插入表格

选择第4张幻灯片。按第3张幻灯片图片样式，插入4行5列表格，应用表格样式：中/中度样式4，修改字号为20；按样式合并单元格，并适当调整行列大小，输入字符。

任务4　项目符号

选择第5张幻灯片。文本占位符格式：添加项目符号“➢”，大小为“100”%字高，颜色“红色”，设置段落格式：左对齐，文本之前 2 厘米，悬挂缩进 2 厘米，1.5 倍行距。

任务5 绘制图形

选择第 7 张幻灯片。按第 6 张效果绘制自选图形，两个椭圆采用形状样式：彩色轮廓-黑色，深色 1；两椭圆之间采用一条直线连接，直线两端点捕捉椭圆控点；添加文字，字体为“宋体”，字号为“28”。

任务6 页眉页脚

设置页眉页脚，包含：日期和时间“自动更新”“幻灯片编号”，页脚文字“企业形象”。设置“标题幻灯片不显示”。

项目实施

任务1 幻灯片版式

（1）版式　选择第 1 张幻灯片，单击“开始”选项卡→“幻灯片”→“版式”下拉按钮，在列表框中，选择“标题幻灯片”。

（2）字体格式　选择标题文本，在“开始”选项卡→“字体”组中，设置字体“黑体”，字号“48”。

（3）插入日期和时间　定位于副标题文本框，单击“插入”选项卡→“文本”组→“日期和时间”，弹出“日期和时间”对话框，在“可用格式”列表框中，选择日期格式样式为“2020 年 2 月 24 日”（系统当前日期），如图 4-1 所示。如果选择“自动更新”复选框，下次打开文件时，日期自动更新为系统日期。效果如图 4-2 所示。

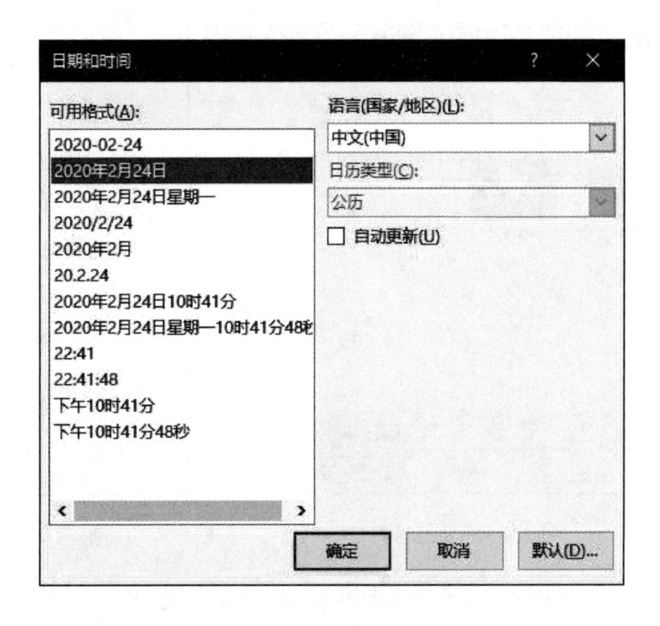

图 4-1　“日期和时间”对话框

企业形象与CI战略

2020年2月24日

图 4-2 标题幻灯片设计

任务 2 插 入 图 片

（1）插入图片 选择第 2 张幻灯片，单击“内容”占位符中的“插入图片”按钮，弹出“插入图片”对话框，选择“企业形象 . jpg”，如图 4-3 所示，单击“插入”按钮。

（2）图片格式 选择图片，单击“图片工具/格式”选项卡→“大小”组→“大小”按钮，弹出“设置图片格式”窗格，取消“锁定纵横比”，在“高度”微调框中输入“10 厘米”，“宽度”微调框中输入“15 厘米”，如图 4-4 所示。

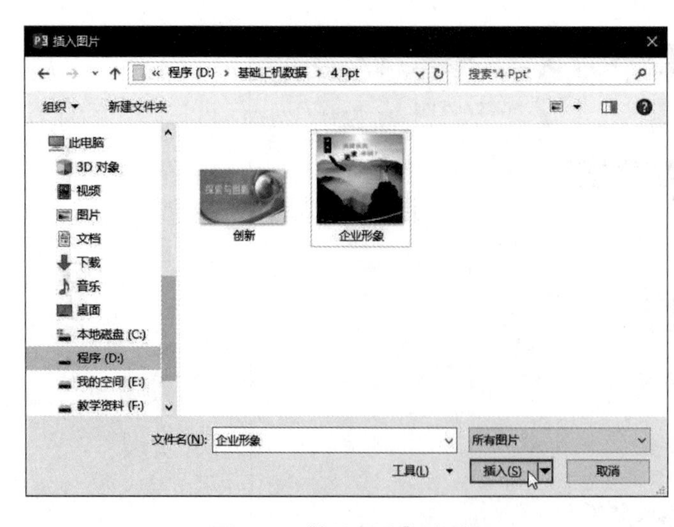

图 4-3 “插入图片”对话框

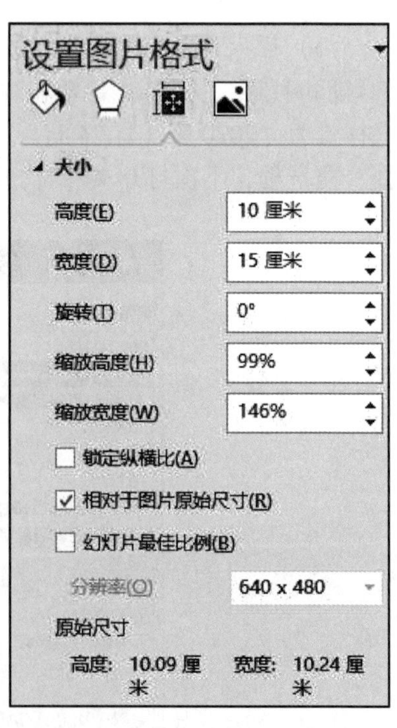

图 4-4 设置图片大小

（3）图片样式 选择图片，单击“图片工具/格式”选项卡，在“图片样式”组的图片列表中，选择“棱台形椭圆，黑色”。设计结果如图 4-5 所示。

任务3 插入表格

（1）插入表格 选择第4张幻灯片，单击“内容”占位符中的“插入表格”按钮，弹出“插入表格”对话框，调整列数为5，行数为4，单击“确定”按钮。设计效果，如图4-6所示。

（2）表格样式 选择表格，单击“表格工具/设计”选项卡→“表格样式”组→“其他”下拉按钮，在列表框中，选择“中/中度样式4”，如图4-7所示。

图4-5 设置图片样式

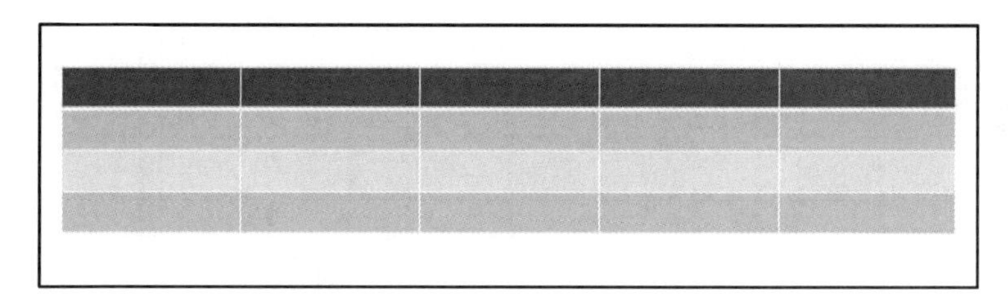

图4-6 插入表格

修改字号为“20”；按样式合并单元格，并适当调整行列大小，输入字符。设计效果，如图4-8所示。

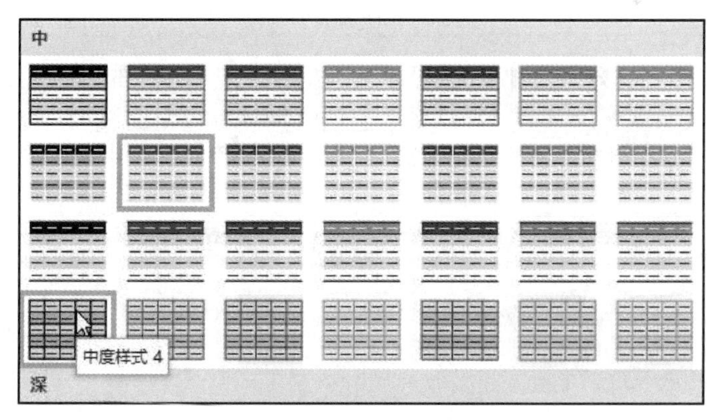

图4-7 表格样式列表

项目	评价			
	优	良	中	差
办事效率	65	25	10	
业务能力	70	20	10	

图4-8 表格效果

任务4 项目符号

（1）更改项目类型 选择第6张幻灯片文本框中所有文本，单击“开始”选项卡→“段落”组→“项目符号”下拉按钮，在列表框中，选择“项目符号和编号”，弹出“项目符号和编号”对话框，定位“项目符号”选项卡。在“颜色”下拉列表框中选择“标准色/红色”。如图4-9所示，单击“确定”按钮。

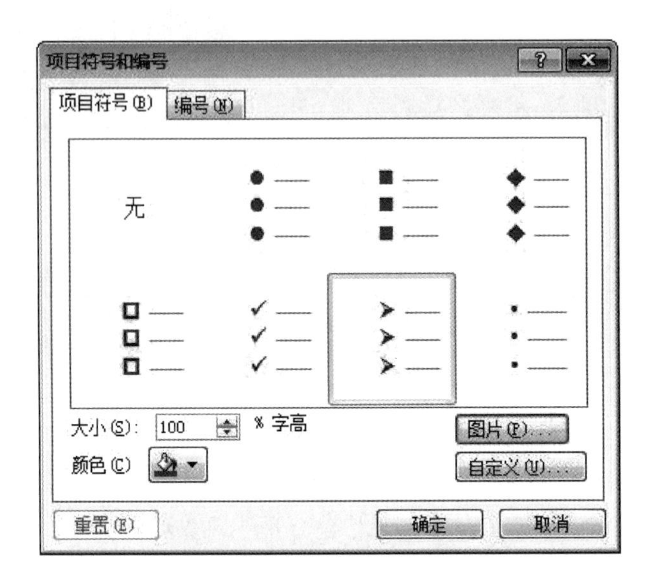

图4-9 项目符号设置

（2）段落格式 单击“开始”选项卡→“段落”组→“段落”按钮，弹出“段落”对话框，设置对齐方式为“左对齐”，文本之前2厘米，悬挂缩进2厘米，1.5倍行距，如图4-10所示。设计效果，如图4-11所示。

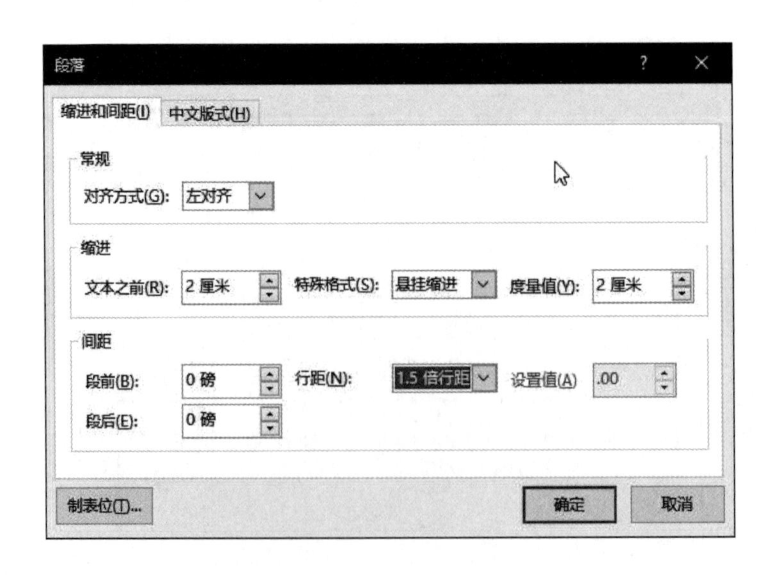

图4-10 段落格式设置

任务5 绘制图形

(1) 绘制图形 单击“插入”选项卡→“插图”→“形状”下拉按钮，在“基本形状”列表框中，选择“椭圆”，在幻灯片上，鼠标拖画一个椭圆。

(2) 形状样式 选中椭圆，在“绘制工具/格式”选项卡→“形状样式”组中，在形状样式列表框中，选择“彩色轮廓-黑色，深色 1”，如图 4-12 所示。

> 40年代—50年代，产品的较量
> 60年代—70年代，销售的较量
> 80年代—90年代，形象的较量

图 4-11 设置效果

(3) 复制图形 适当调整椭圆大小，选择椭圆，采用“复制”+“粘贴”方法，复制另一个椭圆，两个椭圆左右放置。

(4) 位置 适当调整两个椭圆的位置。

(5) 连线 单击“插入”选项卡→“插图”→“形状”下拉按钮，在线条列表框中，选择“双箭头”，捕捉左边椭圆的右边控点，拖放到右边椭圆的左控点。

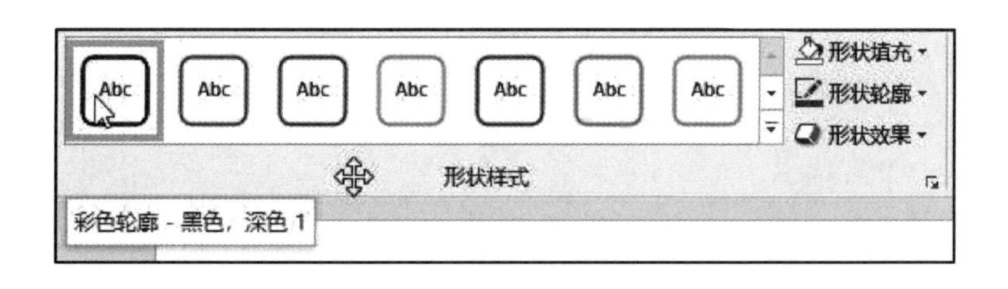

图 4-12 形状样式

(6) 添加文字 选中左边椭圆，右击，在快捷菜单中，选择“编辑文字”，输入文字“企业文化”，并设置段落格式“居中”，字体“宋体”，字号“28”。

同理，在右边椭圆中，输入文字“企业产品”，并设置相同格式。

(7) 组合 框选整个整形，单击“绘图工具/格式”选项卡→“排列”组→“组合”下拉按钮，在列表框中，选择“组合”，组合为一个整体，设计效果，如图 4-13 所示。

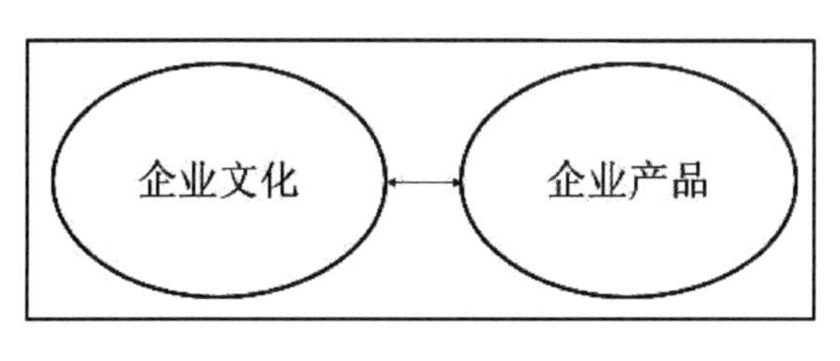

图 4-13 设置效果

任务6 页眉页脚

单击“插入”选项卡→“文本”组→“页眉和页脚”，弹出“页眉和页脚”对话框，定位“幻灯片”选项卡，在“幻灯片包含内容”选项区域中，选中“日期和时间”复选框，选中“自动更新”，文本框内自动获取系统当前日期，选中“幻灯片编号”复选框，选中“页脚”复选框，在页脚文本框中输入“企业形象”；选中“标题幻灯片中不显示”，如图 4-14 所示，单击“全部应用”按钮。设计效果，如图 4-15 所示。

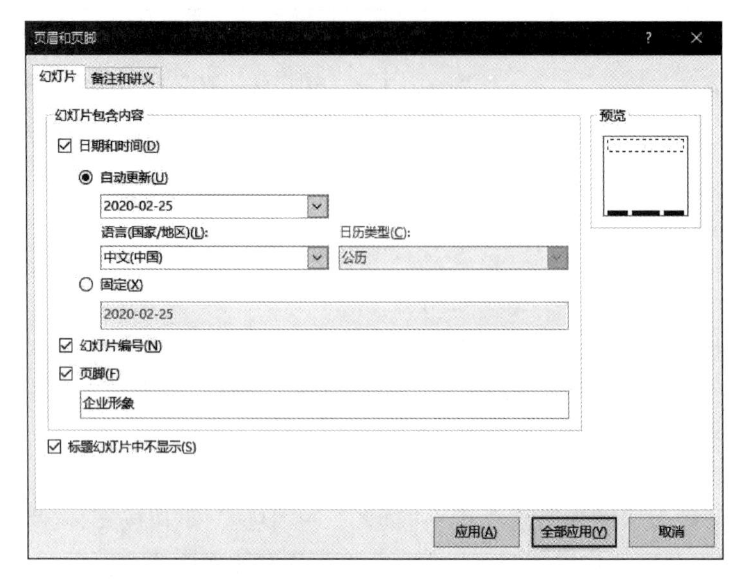

图 4-14　页眉页脚设置

图 4-15　设置效果

项目二　幻灯片格式

格式设置主要内容包括幻灯片的配色方案、设计模版、母版等。

项目内容

任务 1　背　　景

打开“背景”演示文稿，填充所有幻灯片背景纹理为“水滴”（纹理列表框中第 1 行第 1 列）。

任务 2　主　　题

打开“主题”演示文稿，应用“平面”主题（内置主题第 5 个）。

任务 3　母　　版

打开“母版”演示文稿，完成以下操作。

（1）新建“我的母板”的母版，设置版式格式。“标题幻灯片 版式”主标题格式：

黑体，48 号，红色；“标题和内容 版式”内容格式：宋体，28 号，加“√”项目符，文本之前与悬挂缩进各 2 厘米，段前 6 磅，单倍行距。

（2）所有幻灯片右下角插入动作按钮“后退或前一项”和“前进或下一项”，高宽各 1 厘米，右上角插入“创新 . png”图片。

（3）应用母板 第 1 张幻灯片应用“我的母板/标题幻灯片”，第 5 张幻灯片应用“我的母板/标题和内容”。

项目实施

任务1 背 景

打开“背景”演示文稿，单击“设计”选项卡→“自定义”组→“设置背景格式”按钮，弹出“设置背景格式”窗格，选中“图片或纹理填充”，如图 4-16 所示。

单击“纹理”下拉按钮，在纹理列表框中，选择“水滴”（第 1 行第 4 列），如图 4-16 和图 4-17 所示，单击“全部应用”按钮，设计效果，如图 4-18 所示，单击“关闭”按钮。

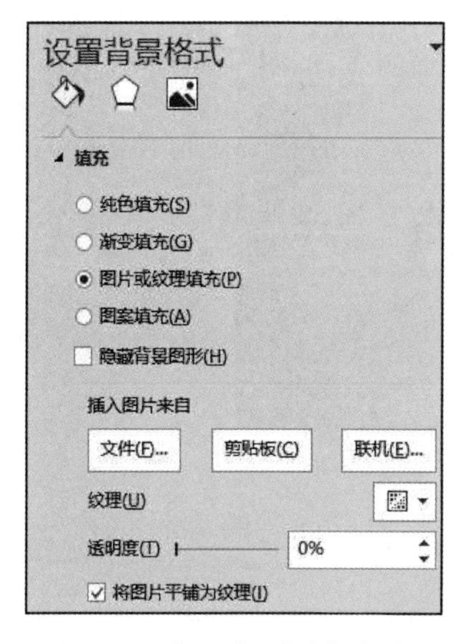

图 4-16 “设置背景格式”对话框

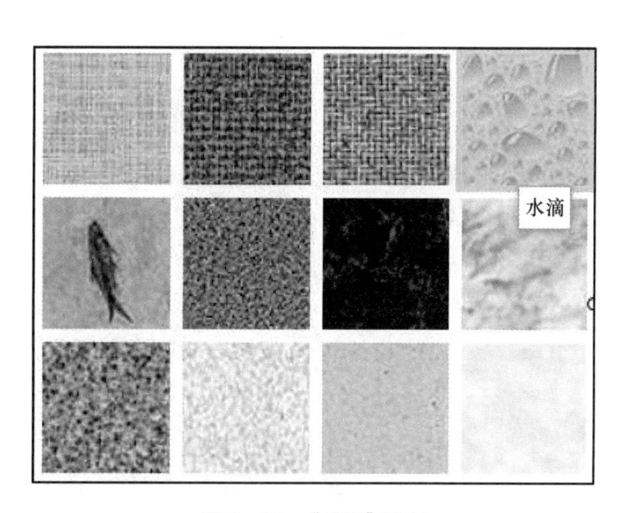

图 4-17 “纹理”列表

国际市场竞争发展的趋势

➢ 40年代—50年代，产品的较量

➢ 60年代—70年代，销售的较量

➢ 80年代—90年代，形象的较量

图 4-18 设置效果

任务2 主　　题

打开“主题”文稿，单击“设计”选项卡→“主题”组→“其他”按钮，在主题列表框中，选择“平面”，如图4-19所示，设计效果，如图4-20所示。

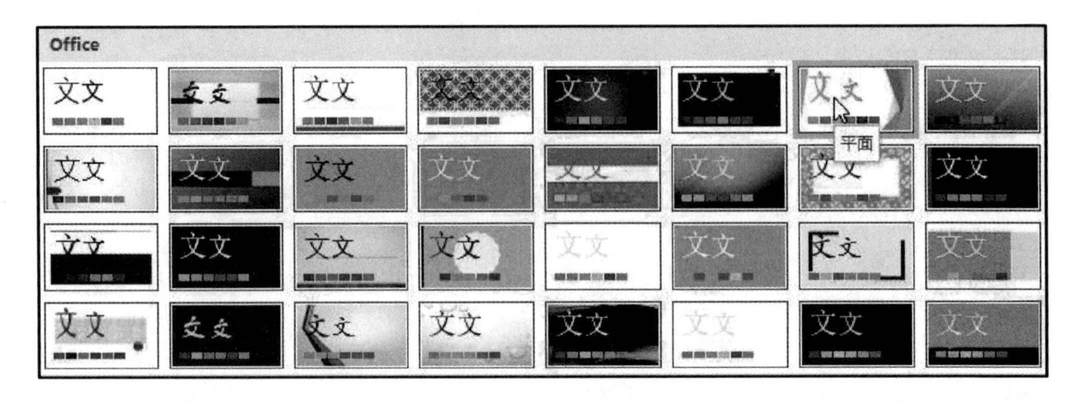

图4-19　应用主题效果

图4-20　应用主题效果

任务3 母　　版

（1）新建母版　单击“视图”选项卡→“母版视图”组→“幻灯片母版”，进入幻灯片母版视图。同时显示“幻灯片母版”导航空格，如图4-21所示。

单击“幻灯片母版”选项卡→“编辑母版”组→“插入幻灯片母版”，插入编号“2”的“自定义设计方案”幻灯片母版，选中该幻灯片母版，单击“幻灯片母版”选项卡→“编辑母版”组→“重命名”，弹出“重命名版式”对话框中，重命名为“我的母版”。

选择“我的母板”母版中的“标题幻灯片 版式”，设置主标题：字体“黑体”，字号“48”，颜色“红色”。

选择“标题和内容 版式”，设置内容第一级格式：字体“宋体”，字号“28”，项目符号“√”，段落格式：文本之前“2厘米”，特殊格式：悬挂缩进“2厘米”，段前“6磅”，行距：“单倍行距”，如图4-22所示。

（2）动作按钮　选择“我的母版 幻灯片母版”，单击“插入”选项卡→“插图”

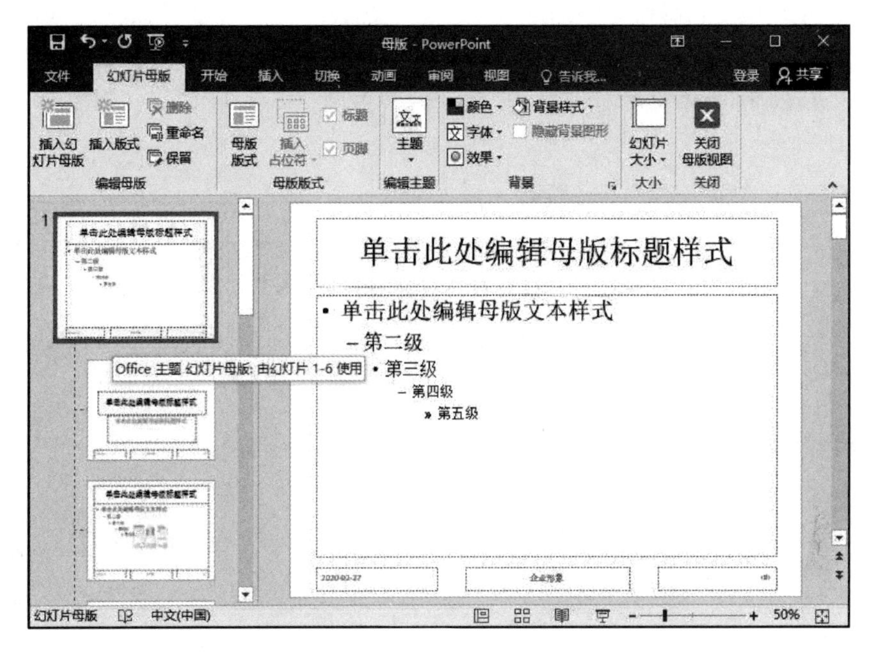

图 4-21　幻灯片母版视图

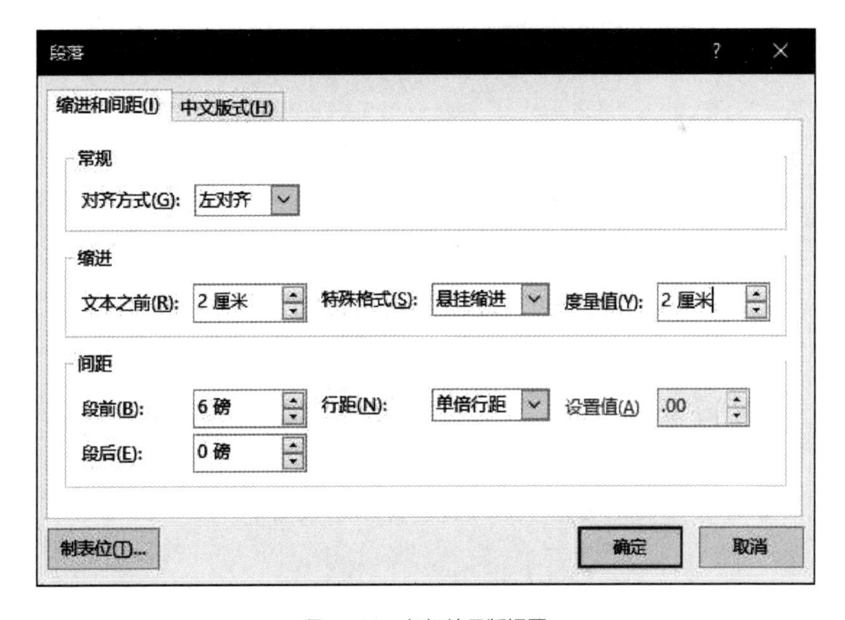

图 4-22　幻灯片母版视图

组→“形状”下拉按钮，在列表框中，选择“动作按钮/后退或前一项”，光标变为十字，在母版幻灯片右下角，拖动鼠标画出图形，释放鼠标，弹出“动作设置”对话框，选择“超链接到”→“上一张幻灯片”，如图 4-23 所示，单击“确定”按钮。同理，制作“前进或下一项”动作按钮。设置大小：高宽各 1 厘米。

插入图片。单击“插入”选项卡→“图像”组→“图片”，弹出“插入图片”对话框，选择位置及图片文件，单击“插入”按钮。

（3）应用母版　选择第 1 张幻灯片，单击“开始”选项卡→“幻灯片”组→“版式”下拉按钮，在列表框中，选择“我的母版/标题幻灯片”，设计效果，如图 4-24 所示。

同理，选择第 2～6 张幻灯片，应用“我的母版/标题与内容”。设计效果，如图 4-25 所示。

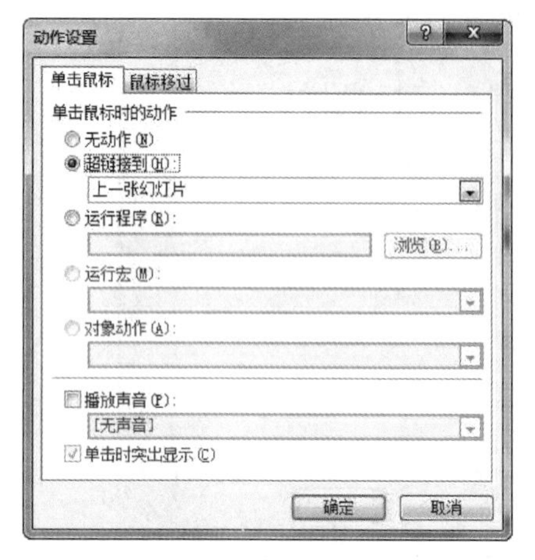

图 4-23　动作设置

图 4-24　标题幻灯片效果

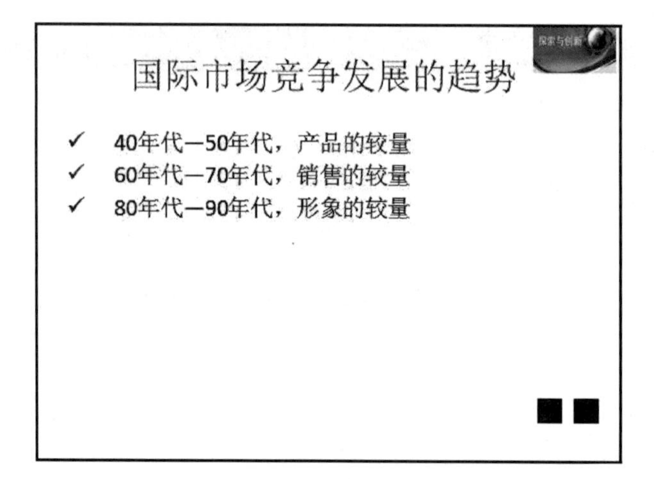

图 4-25　标题与内容幻灯片效果

项目三　幻灯片放映

幻灯片的放映包括幻灯片动画、切换以及放映，最终要通过放映体现设计价值。

项目内容

打开“动画 . pptx”演示文稿，完成以下操作。

任务1　动　　画

（1）设置第 2 张幻灯片动画　图片：单击以“浮入”形式进入，再沿“弧线”从左向右运动。

（2）图片退出方式“细微型/旋转”。

（3）设置第 5 张幻灯片动画　标题：单击从左“飞入”进入，慢速 3 秒。内容：按段落单击至上“缩放”进入，慢速 3 秒。

任务2　切　　换

所有切换方式设置为“百叶窗”，效果选项为“水平”，无声音，持续时间 0.5 秒，换片方式为“单击鼠标时”。

任务3　放　　映

设置换片方式为“手动”，画笔颜色为“红色”，从头开始放映，启用画笔，手绘曲线。

项目实施

任务1　动　　画

（1）设置进入方式及路径　选择第 2 张幻灯片，选择图片，单击“动画”选项卡→“动画”组→“其他”下拉按钮，在列表框中，选择“进入/浮入”。在列表框中，再选择“动作路径/弧线”，拖动，确定适位置，如图 4-26 所示。

（2）设置退出方式　选择图片，单击单击“动画”选项卡→“高能动画”组→“添加动画”，在列表框中，选择“更多退出效果”，弹出“添加退出效果”对话框，选择“细微型/旋转”，如图 4-27 所示，单击“确定”按钮。

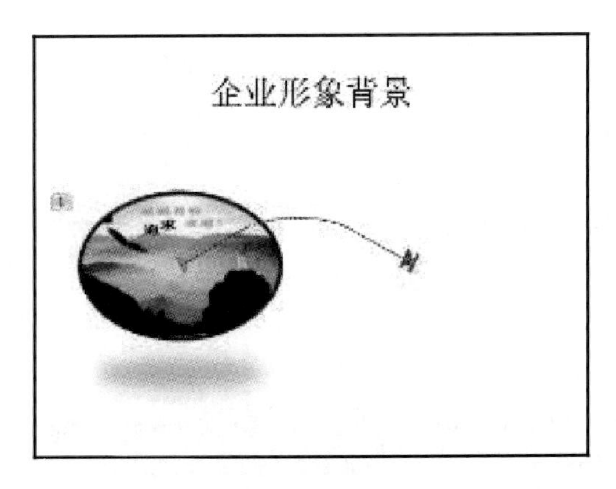

图 4-26　设置进入方式及动作路

图 4-27　添加退出方式

（3）设置第 5 张幻灯片动画　选择标题，单击“动画”选项卡→“动画”组→“其他”按钮，在列表框中，选择“进入/飞入”。单击“动画”选项卡→“动画”组→“效果选项”下拉按钮，在列表框中，选择“至左侧”。在“动画”选项卡→“计时”组中，设置开始“单击时”，待续时间“3 秒”。

同理，选择内容文本框（不要选择文本），设置“缩放”进入，效果选择，消失点：对象中心，序列，按段落。在“动画”选项卡→“计时”组中，设置开始“单击时”，待续时间“3 秒”。

任务 2　切　　换

全选所有幻灯片，单击“切换”选项卡→“切换到此幻灯片”组→“其他”按钮，在列表框中，选择“华丽型/百叶窗”；单击“切换”选项卡→“切换到此幻灯片”组→“效果选项”下拉按钮，在列表框中，选择“水平”，在“动画”选项卡→“计时”组中，“换片方式”选中“单击鼠标时”，“设置自动换片时间”为“0.5”，单击“计时”组中“全部应用”。

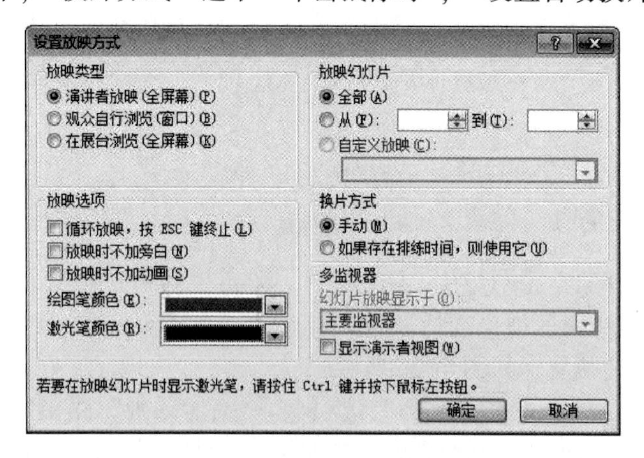

图 4-28　“设置放映方式”对话框

任务3　幻灯片放映

幻灯片放映。单击“幻灯片放映”选项卡→“设置”组→“设置幻灯片放映”，弹出“设置放映方式”对话框，选中“换片方式”为“手动”；“绘图笔颜色”为“红色”，如图 4-28 所示，单击“确定”按钮。

单击“幻灯片放映”选项卡→“开始放映幻灯片”→“从头开始”，放映幻灯片。在放映时，单击鼠标右键，选择快捷菜单“指针选项”→“笔”，如图 4-29 所示。使用画笔可以在放映幻灯片上手绘各种形状。

项目四　PPT 综合实训

在“综合实训”文件夹中，打开“综合实训 .pptx”演示文稿，完成以下操作。

任务 1　超　链　接

在第 1 张幻灯片副标题文本框中增加一个超链接，该链接指向一个电子邮箱，邮箱名为“Class2016@ 163. com”，电子邮箱主题为“可以做得更好”，屏幕提示文字为“班

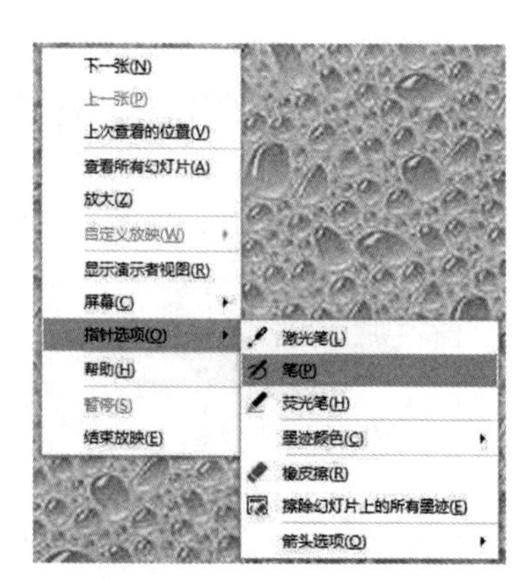

图 4-29　幻灯片放映选项

级电子邮箱”。

任务2 圆圈编号

将第 3 张幻灯片的文本框中的内容设置编号，编号类型为带圆圈的阿拉伯数字，大小“80%”字高，编号开始于 1，颜色模式为 RGB，即红色：200，绿色：180，蓝色：255。

任务3 段落格式设置

将第 4 张幻灯片文本框中的文本设置行距为 1.5 行，段前段后 5 磅，左右缩进为 0，首行缩进 2 个字符。

任务4 页眉页脚

设置幻灯片的页眉页脚，设置日期和时间，能自动更新，参考格式：“2016 年 1 月 9 日星期六 18 时 10 分 19 秒”；设置幻灯片编号；设置页脚，内容为“心静如水”。应用所有幻灯片，标题幻灯片中不显示。

任务5 版式

将第 5 张幻灯片的版式更换为“标题和竖排文字”。

任务6 主题

应用主题“内置/聚合”（内置列表第 2 行第 7 列）。

任务7 母版

通过母版，标题文本设置为黑体，44 号，红色。

任务8 背景

纯色填充“背景”颜色，颜色模式为 RGB，即红色：150，绿色：250，蓝色：50，应用所有幻灯片。

任务9 自定义动画

将第 6 张幻灯片中的图片设置自定义动画：单击时自左侧飞入。慢速（3 秒），再单击时至右下侧飞出，慢速（3 秒）。

任务10 切换

切换方式为单击鼠标时“细微型/推出”，设置自动换片时间 2 秒。

MODULE

5

模块五

计算机基础知识选择题及解答

任务1　单　选　题

1. 世界上第一台计算机的名称是（　　）。

A. ENIAC　　B. APPLE　　C. UNIVAC-I　　D. IBM-7000

2. 计算机从其诞生至今已经经历了4个时代，这种划分时代的原则是根据（　　）。

A. 计算机的存储量　　B. 计算机的运算速度

C. 程序设计语言　　D. 计算机所采用的电子元件

3. 第2代电子计算机使用的电子元件是（　　）。

A. 晶体管　　B. 电子管

C. 中、小规模集成电路　　D. 大规模和超大规模集成电路

4. 第3代电子计算机使用的电子元件是（　　）。

A. 晶体管　　B. 电子管

C. 中、小规模集成电路　　D. 大规模和超大规模集成电路

5. 现代微机采用的主要元件是（　）。

A. 电子管　　B. 晶体管

C. 中小规模集成电路　　D. 大规模、超大规模集成电路

6. CAM 表示为（　　）。

A. 计算机辅助设计　　B. 计算机辅助制造

C. 计算机辅助教学　　D. 计算机辅助模拟

7. CAI 表示为（　　）。

A. 计算机辅助设计　　B. 计算机辅助制造

C. 计算机辅助教学　　D. 计算机辅助军事

8. 一般计算机硬件系统的主要组成部件有五大部分，下列选项中不属于这五部分的是（　　）。

A. 运算器　　B. 软件

C. 输入设备和输出设备　　D. 控制器

9. 计算机系统主要由（　　）。

A. 主机和显示器组成　　B. 微处理器和软件组成
C. 硬件系统和软件系统组成　　D. 硬件系统和应用软件组成
10. 微型计算机硬件系统最核心的部件是（　　）。
A. 主板　　B. CPU　　C. 内存储器　　D. I/O 设备
11. 中央处理器（CPU）主要由（　　）组成。
A. 控制器和内存　　B. 运算器和控制器
C. 控制器和寄存器　　D. 运算器和内存
12. 微型计算机中运算器的主要功能是进行（　　）。
A. 算术运算　　B. 逻辑运算
C. 初等函数运算　　D. 算术运算和逻辑运算
13. 微型计算机中，控制器的基本功能是（　　）。
A. 进行算术运算和逻辑运算
B. 存储各种控制信息
C. 保持各种控制状态
D. 控制机器各个部件协调一致地工作
14. 下列 4 种存储器中，存取速度最快的是（　　）。
A. U 盘　　B. 光盘　　C. 硬盘　　D. 内存储器
15. 下列关于存储器的叙述中正确的是（　　）。
A. CPU 能直接访问存储在内存中的数据，也能直接访问存储在外存中的数据
B. CPU 不能直接访问存储在内存中的数据，能直接访问存储在外存中的数据
C. CPU 只能直接访问存储在内存中的数据，不能直接访问存储在外存中的数据
D. CPU 不能直接访问存储在内存中的数据，也不能直接访问存储在外存中的数据
16. 高速缓冲存储器是为了解决（　　）。
A. 内存与辅助存储器之间速度不匹配问题
B. CPU 与辅助存储之间速度不匹配问题
C. CPU 内存储器之间速度不匹配问题
D. 主机与外设之间速度不匹配问题
17. 计算机工作时，内存储器用来存储（　　）。
A. 数据和信号　　B. 程序和指令
C. ASCII 码和汉字　　D. 程序和数据
18. SRAM 存储器是（　　）。
A. 静态随机存储器　　B. 静态只读存储器
C. 动态随机存储器　　D. 动态只读存储器
19. 静态 RAM 的特点是（　　）。

A. 在不断电的条件下，信息在静态 RAM 中保持不变，故而不必定期刷新就能永久保存信息

B. 在不断电的条件下，信息在静态 RAM 中不能永久无条件保持，必须定期刷新才不致丢失信息

C. 在静态 RAM 中的信息只能读不能写

D. 在静态 RAM 中的信息断电后也会丢失

20. 断电会使存储数据丢失的存储器是（　　）。

A. RAM　　B. 硬盘　　C. ROM　　D. U 盘

21. 下列 4 种设备中，属于计算机输入设备的是（　　）。

A. UPS　　B. 服务器　　C. 绘图仪　　D. 光笔

22. 在计算机中，既可作为输入设备又可作为输出设备的是（　　）。

A. 显示器　　B. 磁盘驱动器　　C. 键盘　　D. 图形扫描仪

23. 计算机软件系统包括（　　）。

A. 系统软件和应用软件　　B. 编辑软件和应用软件

C. 数据库软件和工具软件　　D. 程序和数据

24. 操作系统是计算机系统中的（　　）。

A. 核心系统软件　　B. 关键的硬件部件

C. 广泛使用的应用软件　　D. 外部设备

25. 操作系统的功能是（　　）。

A. 控制和管理计算机系统的各种硬件和软件资源的使用

B. 负责诊断计算机的故障

C. 将源程序编译成目标程序

D. 负责外设与主机之间信息交换

26. 下面不属于系统软件的是（　　）。

A. DOS　　B. Windows 10　　C. UNIX　　D. Word 2016

27. 能把汇编语言程序翻译成目标程序称为（　　）。

A. 编译程序　　B. 解释程序　　C. 编辑程序　　D. 汇编程序

28. 把高级语言编写的源程序变成目标程序，需要经过（　　）。

A. 汇编　　B. 解释　　C. 编译　　D. 编辑

29. 在计算机内部能够直接执行的程序语言是（　　）。

A. 数据库语言　　B. 高级语言　　C. 机器语言　　D. 汇编语言

30. 计算机软件是指（　　）。

A. 计算机程序　　B. 源程序和目标程序

C. 源程序　　D. 计算机程序及其有关文档

31. 用户用计算机高级语言编写的程序，通常称为（　　）。

A. 汇编程序　　B. 目标程序　　C. 源程序　　D. 二进制代码程序

32. 将高级语言编写的程序翻译成机器语言程序，所采用的两种翻译方式是（　　）。

A 编译和解释　　B. 编译和汇编　　C. 编译和连接　　D. 解释和汇编

33. 下列叙述中，正确的说法是（　　）。

A. 编译程序、解释程序和汇编程序不是系统软件

B. 故障诊断程序、排错程序、人事管理系统属于应用软件

C. 操作系统、财务管理程序、系统服务程序都不是应用软件

D. 操作系统和各种程序设计语言的处理程序都是系统软件

34. 专门为学习目的而设计的软件是（　　）。

A. 工具软件　　B. 应用软件　　C. 系统软件　　D. 目标程序

35. 在 ENIAC 的研制过程中，由美籍匈牙利数学家总结并提出了非常重要的改进意见，他是（　　）。

A. 冯·诺依曼　　B. 阿兰·图灵　　C. 古德·摩尔　　D. 以上都不是

36. 计算机之所以能够实现连续运算，是由于采用了（　）工作原理。

A. 布尔逻辑　　B. 存储程序　　C. 数字电路　　D. 集成电路

37. 一条指令必须包括（　　）。

A. 操作码和地址码　　B. 信息和数据

C. 时间和信息　　D. 以上都不是

38. 计算机中的字节是常用的单位，它的英文字母名字是（　　）。

A. bit　　B. Byte　　C. cn　　D. M

39. 在计算机中，用（　　）位二进制码组成一个字节

A. 8　　B. 16

C. 32　　D. 根据机器不同而异

40. 微机中 1kB 表示的二进制位数是（　　）。

A. 1000　　B. 8 * 1000　　C. 1024　　D. 8 * 1024

41. 下列不属于微型计算机的技术指标的是（　　）。

A. 字节　　B. 时钟主频　　C. 运算速度　　D. 存取周期

42. 下列不属于微机主要性能指标的是（　　）。

A. 字长　　B. 内存容量　　C. 软件数量　　D. 主频

43. 计算机领域中通常用 MIPS 来描述（　　）。

A. 计算机的运行速度　　B. 计算机的可靠性

C. 计算机的运行性　　D. 计算机的可扩充性

44. 计算机内部采用的进制数是（　　）。

A. 十进制　　B. 二进制　　C. 八进制　　D. 十六进制

45. 6 位二进制数能表示的无符号十进制整数的最大值是（　　）。

A. 64　　B. 63　　C. 32　　D. 31

46. 8 位二进制能表示的无符号十进制整数的最大值是（　　）。

A. 8　　B. 16　　C. 128　　D. 255

47. 下列 4 个无符号整数中，能用 8 个二进制位表示的是（　　）。

A. 257　　B. 201　　C. 313　　D. 296

48. 十进制整数 100 转换为二进制数是（　　）。

A. 1100100B　　B. 1101000B　　C. 1100010B　　D. 1110100B

49. 十进制整数 215 转换为二进制数是（　　）。

A. 1100001B　　B. 11011101B　　C. 0011001B　　D. 11010111B

50. 十进制整数 269 转换为十六进制数是（　　）。

A. 10EH　　B. 10DH　　C. 10CH　　D. 10BH

51. 二进制数 11010B 对应的十进制数是（　　）。

A. 16　　B. 26　　C. 34　　D. 25

52. 二进制数 1010.101B 对应的十进制数是（　　）。

A. 11.33　　B. 10.625　　C. 12.755　　D. 16.75

53. 二进制数 0111110 转换成十六进制数是（　　）。

A. 3FH　　B. DDH　　C. 4AH　　D. 3EH

54. 二进制数 10100101011B 转换成十六进制数是（　　）。

A. 52BH　　B. D45DH　　C. 23CH　　D. 5EH

55. 二进制数 110001 转换成十六进制数是（　　）。

A. 78H　　B. D8H　　C. 71H　　D. 31H

56. 十六进制数 CDH 对应的十进制数是（　　）。

A. 204　　B. 205　　C. 206　　D. 203

57. 十六进制数 1A2H 对应的十进制数是（　　）。

A. 418　　B. 308　　C. 208　　D. 578

58. 有一个数是 123，它与十六进制数 53H 相等，那么该数值是（　　）。

A. 八进制数　　B. 十进制数　　C. 五进制　　D. 二进制数

59. 下列 4 种不同数制表示的数中，数值最小的一个是（　　）。

A. 八进制数 36　　B. 十进制数 32

C. 十六进制数 22　　D. 二进制数 101100

60. 下列 4 种不同数制表示的数中，最小的一个是（　　）。

A. 八进制数 247　　B. 十进制数 169

C. 十六进制数 A6　　D. 二进制数 10101000

61. 下列 4 种不同数制表示的数中，最小的一个是（　　）。

A. 二进制 11110101　　B. 八进制 36

C. 十进制 85　　D. 十六进 B7

62. 下列 4 种不同数制表示的数中，最大的一个是（　　）。

A. 八进制数 227　　B. 十进制数 789

C. 十六进制数 1FF　　D. 二进制数 1010001

63. 若在一个非“0”无符号二进制整数右边加两个“0”形成一个新的数，则新数的值是原数值的（　　）。

A. 四倍　　B. 二倍　　C. 四分之一　　D. 二分之一

64. 在微型计算机中，应用最普遍的字符编码是（　　）。

A. ASCII 码　　B. BCD 码　　C. 汉字编码　　D. 补码

65. 标准 ASCII 编码的描述准确的是（　　）。

A. 使用 7 位二进制代码

B. 使用 8 位二进制代码，最左一位为 1

C. 使用补码

D. 使用 8 位二进制代码，最左一位为 0

66. 对于 ASCII 码在机器中的表示，下列说法正确的是（　　）。

A. 使用 8 位二进制代码，最右边一位是 0

B. 使用 8 位二进制代码，最右边一位是 1

C. 使用 8 位二进制代码，最左边是 0

D. 使用 8 位二进制代码，最左边一位是 1

67. 7 位 ASCII 码共有（　　）个不同的编码值。

A. 126　　B. 124　　C. 127　　D. 128

68. 字母“F”的 ASCII 码值是十进制数（　　）。

A. 70　　B. 80　　C. 90　　D. 100

69. 在 ASCII 码表中，按照 ASCII 码值从小到大排列顺序是（　　）。

A. 数字、英文大写字母、英文小写字母

B. 数字、英文小写字母、英文大写字母

C. 英文大写字母、英文小写字母、数字

D. 英文小写字母、英文大写字母、数字

70. 下列字符中，其 ASCII 码值最大是（　　）。

A. NUL　　B. B　　C. g　　D. p

71. 中国国家标准汉字信息交换编码是（　　）。

A. GB 2312—1980　B. GBK　　C. UCS　　D. BIG-5

72. 在计算机内部对文字进行存储、处理和传输的汉字代码是（　　）。

A. 汉字信息交换码　　B. 汉字输入码

C. 汉字内码　　D. 汉字字形

73. 在下列各种编码中，每个字节最高位均是“1”的是（　　）。

A. 汉字国标码　　B. 汉字机内码　　C. 外码　　D. ASCII 码

74. 某汉字的区位码是 5448，它的机内码是（　　）。

A. D6D0H　　B. E5E0H　　C. E5D0H　　D. D5E0H

75. 汉字“东”的十六进制的国际码是 362BH，那么它的机内码是（　　）。

A. 160BH　　B. B6ABH　　C. 05ABH　　D. 150BH

76. 某汉字的区位码是 5448，它的国际码是（　　）。

A. 5650H　　B. 6364H　　C. 3456H　　D. 7454H

77. 一汉字的机内码是 B0A1H，那么它的国标码是（　　）。

A. 3121H　　B. 3021H　　C. 2131H　　D. 2130H

78. 计算机网络的目标是实现（　　）。

A. 数据处理　　B. 文献检索

C. 资源共享和信息传输　　D. 信息传输

79. 统一资源定位器 URL 的格式是（　　）。

A. http 协议

B. TCP/IP 协议

C. 协议：//IP 地址或域名/路径/文件名

D. 协议：IP 地址或域名/路径/文件名

80. IE 浏览器收藏夹的作用是（　　）。

A. 收集感兴趣的页面地址　　B. 收集感兴趣的页面内容

C. 收集感兴趣的文件内容　　D. 收集感兴趣的文件名

81. Internet 上的服务都是基于某一种协议，Web 服务是基于（　　）。

A. SMTP 协议　　B. SNMP 协议　　C. HTTP 协议　　D. TELNET 协议

82. 在计算机的局域网中，为网络提供共享资源，对这些资源进行管理的计算机，一般称为（　　）。

A. 网站　　B. 工作站　　C. 网络适配器　　D. 网络服务器

83. 调制解调器的功能是（　　）。

A. 将数字信号转换成模拟信号

B. 将模拟信号转换成数字信号

C. 将数字信号转换成其他信号

D. 在数字信号与模拟信号之间进行转换

84. 所有与 Internet 相连接的计算机必须遵守一个共同协议，即（　　）。

A. http　　B. IEEE802. 11　　C. TCP/IP　　D. IPX

85. 中国的域名是（　　）。

A. com　　B. uk　　C. cn　　D. jp

86. 域名中的 com 是指（　　）。

A. 商业组织　　B. 国际组织　　C. 教育机构　　D. 网络支持机构

87. Internet 网上一台主机的域名由几部分组成（　　）。

A. 3　　B. 4　　C. 5　　D. 若干

88. 计算机网络是（　　）相结合的产物。

A. 计算机技术与通信技术　　B. 计算机技术与信息技术

C. 计算机技术与电子技术　　D. 信息技术与通信技术

89. LAN 通常是指（　　）。

A. 广域网　　B. 局域网　　C. 资源子网　　D. 城域网

90. 电子邮件地址的格式是（　　）。

A. <用户标识>@ <主机域名>　　B. <用户密码>@ <用户名>

C. <用户标识>/<主机域名>　　D. <用户密码>/<用户名>

91. 某主机的电子邮件地址为：cat@ public. mba. net. cn，其中 cat 代表（　　）。

A. 用户名　　B. 网络地址　　C. 域名　　D. 主机名

92. 关于电子邮件，下列说法中错误的是（　　）。

A. 发件人必须有自己的 E-mail 账户

B. 必须知道收件人的 E-mail 地址

C. 收件人必须有自己的邮政编码

D. 可使用 Outlook Express 管理联系人信息

93. 下面电子邮件地址的书写格式正确的是（　　）。

A. kaoshi@ sina. com. cn　　B. Kaoshi ,@ sina. com. cn

C. kaoshi@ ,sina. com. cn　　D. Kaoshisina. com. cn

94. 计算机病毒可以使整个计算机瘫痪，危害极大。计算机病毒是（　　）。

A. 一种芯片　　B. 一段特制的程序

C. 一种生物病毒　　D. 一条命令

95. 计算机病毒破坏的主要对象是（　　）。

A. U 盘　　B. 磁盘驱动器　　C. CPU　　D. 程序和数据

96. 以下关于病毒的描述中，不正确的说法是（　　）。

A. 对于病毒，最好的方法是采取“预防为主”的方针

B. 杀毒软件可以抵御或清除所有病毒

C. 恶意传播计算机病毒可能是犯罪

D. 计算机病毒都是人为制造的

97. 相对而言，下列类型的文件中，不易感染病毒的是（　　）。

A. *. txt　　B. *. dot　　C. *. com　　D. *. exe

98. 以下哪一项不是预防计算机病毒的措施？（　　）。

A. 建立备份　　B. 专机专用　　C. 不上网　　D. 定期检查

99. 下列 4 项中，不属于计算机病毒特征的是（　　）。

A. 潜伏性　　B. 传染性　　C. 激发性　　D. 免疫性

100. 目前使用的杀毒软件，能够（　　）。

A. 检查计算机是否感染了某些病毒，如有感染，可以清除其中一些病毒

B. 检查计算机是否感染了任何病毒，如有感染，可以清除其中一些病毒

C. 检查计算机是否感染了病毒，如有感染，可以清除所有的病毒

D. 防止任何病毒再对计算机进行侵害

任务 2　单选题解答

1. 世界上第一台计算机的名称取名电子数字积分计算机（Electronic Numerical Integrator And Computer，ENIAC），答案为（A）。

2. 计算机从其诞生至今已经经历了 4 个时代，这种划分时代的原则是计算机所采用的电子元件，答案为（D）。

3. 第 2 代电子计算机使用的电子元件是电子管，答案为（B）。4 个时代使用的元件分别是晶体管，电子管，中、小规模集成电路，大规模和超大规模集成电路。

4. 第 3 代电子计算机使用的电子元件是中、小规模集成电路，答案为（C）。

5. 现代微机（属于第 4 代）采用的主要元件是大规模、超大规模集成电路，答案为（D）。

6. CAM 表示为计算机辅助制造（Computer Aided Manufacturing，CAM），答案为（B）。

7. CAI 表示为计算机辅助教学（Computer Aided Instruction，CAI），答案为（C）。

8. 一般计算机硬件系统的主要组成部件有五大部分，分别是运算器、控制器、存储器、输入设备和输出设备，答案为（B）。

9. 计算机系统主要由硬件系统和软件系统组成，答案为（C）。

10. 微型计算机硬件系统最核心的部件是 CPU，答案为（B）。

11. 中央处理器（CPU）主要由运算器和控制器组成，答案为（B）。

12. 微型计算机中运算器的主要功能是进行算术运算和逻辑运算，答案为（D）。

13. 微型计算机中，控制器的基本功能是控制机器各个部件协调一致地工作，答案

为（D）。

14. 下列 4 种存储器中，存取速度最快的是内存储器，答案为（D）。

最快为内存储器，最慢为光盘。

15. 下列关于存储器的叙述中正确的是 CPU 只能直接访问存储在内存中的数据，不能直接访问存储在外存中的数据，答案为（C）。

16. 高速缓冲存储器是为了解决 CPU 与内存储器之间速度不匹配的问题，答案为（C）。

17. 计算机工作时，内存储器用来存储程序和数据，答案为（D）。

18. SRAM 存储器是静态随机存储器，答案为（A）。

19. 静态 RAM 的特点是在不断电的条件下，信息在静态 RAM 中不能永久无条件保持，必须定期刷新才不致丢失信息，答案为（B）。

20. 断电会使存储数据丢失的存储器是 RAM，答案为（A）。

21. 下列 4 种设备中，属于计算机输入设备的是 UPS 即不间断电源（Uninterruptible Power System），答案为（A）。

22. 在计算机中，既可作为输入设备又可作为输出设备的是磁盘驱动器，答案为（B）。数据保存于硬盘为输出，从硬盘读取数据为输入。显示器为输出，键盘为输入，图形扫描仪为输入。

23. 计算机软件系统包括系统软件和应用软件，答案为（A）。

24. 操作系统是计算机系统中的核心系统软件，答案为（A）。

25. 操作系统的功能是控制和管理计算机系统的各种硬件和软件资源的使用，答案为（A）。

26. 下面不属于系统软件的是 Word 2016（应用软件），答案为（A）。

27. 能把汇编语言程序翻译成目标程序的是汇编程序，答案为（D）。

28. 把高级语言编写的源程序变成目标程序，需要经过编译，答案为（C）。

29. 在计算机内部能够直接执行的程序语言是机器语言，答案为（C）。

30. 计算机软件是指计算机程序及其有关文档，答案为（D）。

31. 用户用计算机高级语言编写的程序，通常称为源程序，答案为（C）。

32. 将高级语言编写的程序翻译成机器语言程序，所采用的两种翻译方式是编译和解释，答案为（A）。

33. 下列叙述中，正确的说法是操作系统和各种程序设计语言的处理程序都是系统软件，答案为（D）。

34. 专门为学习目的而设计的软件是应用软件，答案为（B）。

35. 在 ENIAC 的研制过程中，由美籍匈牙利数学家总结并提出了非常重要的改进意见，他是冯·诺依曼，答案为（A）。

36. 计算机之所以能够实现连续运算，是由于采用了存储程序工作原理，答案为（B）。

37. 一条指令必须包括操作码和地址码，答案为（A）。

38. 计算机中的字节是常用的单位，它的英文字母名字是 Byte，答案为（B）。

39. 在计算机中，用 8 位二进制码组成一个字节，答案为（A）。

40. 微机中 1kb 表示的二进制位数是 1024（2^{10}），答案为（C）。

41. 下列不属于微型计算机的技术指标的是字节，答案为（A）。

42. 下列不属于微机主要性能指标的是软件数量，答案为（C）。

43. 计算机领域中通常用 MIPS（每秒百万次）来描述计算机的运行速度，答案为（A）。

44. 计算机内部采用的进制数是二进制，答案为（B）。

45. 6 位二进制数能表示的无符号十进制整数的最大值是 63（2^6-1），答案为（A）。

46. 8 位二进制能表示的无符号十进制整数的最大值是 255（2^8-1），答案为（D）。

47. 下列 4 个无符号整数中，能用 8 个二进制位表示的是 201（201<255），答案为（B）。

48. 十进制整数 100 转换为二进制数是 1100100B（分解为权 100=64+32+16+8+4+2+1，斜体表示为 0），答案为（A）。

49. 十进制整数 215 转换为二进制数是 11010111B（215=128+64+32+16+8+4+2+1，斜体表示为 0），答案为（D）。

50. 十进制整数 269 转换为十六进制数是 10DH（$269=1*16^2+0*16^1+13*16^0$），答案为（B）。

51. 二进制数 11010B 对应的十进制数是 26（16+8+0+2+0），答案为（B）。

52. 二进制数 1010. 101B 对应的十进制数是 10. 625（8+0+2+0+0. 5+0+0. 125），答案为（B）。

53. 二进制数 0111110 转换成十六进制数是 3E（011　1110），答案为（D）。

54. 二进制数 10100101011B 转换成十六进制数是 52BH（101　0010　1011），答案为（D）。

55. 二进制数 110001 转换成十六进制数是 31H，答案为（D）。

110001B=11 0001=31H

56. 十六进制数 CDH 对应的十进制数是 206（$12*16^1+13*16^0$），答案为（C）。

57. 十六进制数 1A2H 对应的十进制数是 418（$1*16^2+10*16^1+2*16^0$），答案为（A）。

58. 有一个数是 123，它与十六进制数 53H（5*16+3=83）相等，那么该数值是八进制数，答案为（A）。（123Q=1*8*8+2*8+3=83，O 可以用 Q 代替，不易混淆）。

59. 下列 4 种不同数制表示的数中，数值最小的一个是 36Q，答案为（A）。

36Q=3*8+6=30，32，22H=2*16+2=34，101100B=32+8+4=44

60. 下列 4 种不同数制表示的数中，最小的一个是十六进制数 A6，答案为（C）。

247Q=2*8*8+4*8+7=167，169

A6H=10*16+6=166，10101000B=128+32+8=168

61. 下列 4 种不同数制表示的数中，最小的一个是八进制 36，答案为（B）。

11110101B=128+64+32+16+4+1=245，36Q=3*18+6=60

85，B7H=11*16+7=283

62. 下列 4 种不同数制表示的数中，最大的一个是十进制数 789，答案为（B）。

227Q=2*8*8+2*8+7=151，789

1FF=1 * 16 * 16+15 * 16+15=511，1010001B=64+16+1=71

63. 若在一个非“0”无符号二进制整数右边加两个“0”形成一个新的数，则新数的值是原数值的二倍，答案为（B）。

64. 在微型计算机中，应用最普遍的字符编码是 ASCII 码，答案为（A）。

65. 标准 ASCII 编码的描述准确的是使用 7 位二进制代码，答案为（A）。

ASCII 编码在内存中存储为 8 位，在最左边一位是 0。

66. 对于 ASCII 码在机器中的表示（即存储），下列说法正确的是使用 8 位二进制代码，最左边是 0，答案为（C）。

67. 7 位 ASCII 码共有多少个不同的编码值？0000000B～1111111B，128 个，答案为（D）。

68. 字母“F”的 ASCII 码值是十进制数 70，答案为（A）。

A 为 65，F 为 65+5=70

69. 在 ASCII 码表中，按照 ASCII 码值从小到大排列顺序是数字、英文大写字母、英文小写字母，答案为（A）。

70. 下列字符中，其 ASCII 码值最大是 p，答案为（D）。NUL 空操作，排首位。

71. 中国国家标准汉字信息交换编码是 GB 2312—1980《信息交换用汉字编码字符集　基本集》，答案为（A）。

GBK 全称《汉字内码扩展规范》（GBK 即“国标”，“扩展”汉语拼音的第一个字母）。

Unicode 是由国际组织设计，可以容纳全世界所有语言文字的编码方案。

Unicode 全名是 Universal Multiple-Octet Coded Character Set，简称为 UCS。

BIG-5 又称为大五码或五大码，使用繁体中文（正体中文）。

72. 在计算机内部对文字进行存储、处理和传输的汉字代码是汉字内码，答案为（C）。

73. 在下列各种编码中，每个字节最高位均是“1”的是汉字机内码，答案为（B）。

74. 某汉字的区位码是 5448，它的机内码是 D6D0H，答案为（A）。

区位码 54，48>>36H，30H>>机内码 36H+A0H，30H+A0=D6H，D0H=D6D0H

75. 汉字“东”的十六进制的国际码是 362BH，那么它的机内码是 B6ABH，答案为（B）。

国际码 36，2BH>>内码 36H+80H，2BH+80H=B6ABH

76. 某汉字的区位码是 5448，它的国际码是 5650H，答案为（A）。

区位码 54，48=36H，30H>>国际码 36H+20H，30H+20H=5650H

77. 一汉字的机内码是 B0A1H，那么它的国标码是 3021H，答案为（B）。

机内码 B0，A1H>>国标码 B0-80H，A1H-80H=3021H

78. 计算机网络的目标是实现资源共享和信息传输，答案为（C）。

79. 统一资源定位器 URL 的格式是协议：//IP 地址或域名/路径/文件名，答案为（C）。

80. IE 浏览器收藏夹的作用是收集感兴趣的页面地址，答案为（A）。

81. Internet 上的服务都是基于某一种协议，Web 服务是基于 HTTP 协议，答案为（C）。

SMTP 协议是一种提供可靠且有效的电子邮件传输的协议。

SNMP 协议是一种简单网络管理协议，专门设计用于在 IP 网络管理网络节点（服务器、工作站、路由器、交换机及 HUBS 等）的一种标准协议。

HTTP 协议为超文本传输协议（英文 HyperText Transfer Protocol 缩写 HTTP）。

TELNET 协议是 Internet 远程登录服务的标准协议和主要方式。

82. 在计算机的局域网中，为网络提供共享资源，对这些资源进行管理的计算机，一般称为，答案为（D）。

网站是指在 Internet 上根据一定的规则，使用 HTML（超文本标记语言）等工具制作的用于展示特定内容相关网页的集合。简单地说，网站是一种沟通工具，人们可以通过网站来发布自己想要公开的资讯，或者利用网站来提供相关的网络服务。人们可以通过网页浏览器来访问网站，获取自己需要的资讯或者享受网络服务。网站是在互联网上拥有域名或地址并提供一定网络服务的主机，是存储文件的空间，以服务器为载体。人们可通过浏览器等进行访问、查找文件，也可通过远程文件传输（FTP）方式上传、下载网站文件。

工作站是一种高端的通用微型计算机。它是为了单用户使用并提供比个人计算机更强大的性能，尤其是在图形处理、任务并行方面的能力。通常配有高分辨率的大屏、多屏显示器及容量很大的内存储器和外部存储器，并且具有极强的信息和高性能的图形、图像处理功能的计算机。另外，连接到服务器的终端机也可称为工作站。工作站的应用领域有：科学和工程计算、软件开发、计算机辅助分析、计算机辅助制造、工程设计和应用、图形和图像处理、过程控制和信息管理等。

网络适配器即网卡，是一块被设计用来允许计算机在计算机网络上进行通信的计算机硬件。

网络服务器是计算机局域网的核心部件。网络操作系统是在网络服务器上运行的，网络服务器的效率直接影响整个网络的效率。因此，一般要用高档计算机或专用服务器计算机作为网络服务器。

83. 调制解调器的功能是在数字信号与模拟信号之间进行转换，答案为（D）。

84. 所有与 Internet 相连接的计算机都必须遵守一个共同协议，即 TCP/IP，答案为（C）。

TCP/IP（Transmission Control Protocol/Internet Protocol，传输控制协议/网际协议）是指能够在多个不同网络间实现信息传输的协议簇。

85. 中国的域名是 cn，答案为（C）。

uk 俄罗斯，jp 日本。

86. 域名中的 com 是指商业组织，答案为（A）。

87. Internet 网上一台主机的域名由 4 部分组成，答案为（B）。

88. 计算机网络是计算机技术与通信技术相结合的产物。答案为（A）。

89. LAN 通常是指局域网，答案为（B）。

LAN 是局域网的缩写，MAN 是城域网的缩写，WAN 是广域网的缩写。

90. 电子邮件地址的格式是<用户标识>@ <主机域名>，答案为（A）。

91. 某主机的电子邮件地址为：cat@ public. mba. net. cn，其中 cat 代表用户名，答案为（A）。

92. 关于电子邮件，下列说法中错误的是收件人必须有自己的邮政编码，答案为（C）。

93. 下面电子邮件地址的书写格式正确的是 kaoshi@ sina. com. cn，答案为（A）。

94. 计算机病毒可以使整个计算机瘫痪，危害极大。计算机病毒是一段特制的程序，答案为（B）。

95. 计算机病毒破坏的主要对象是程序和数据，答案为（D）。

96. 以下关于病毒的描述中，不正确的说法是杀毒软件可以抵御或清除所有病毒，答案为（B）。

97. 相对而言，下列类型的文件中，不易感染病毒的是 *. txt，答案为（A）。

98. 以下哪一项不是预防计算机病毒的措施？不上网，答案为（C）。

99. 不属于计算机病毒特征的是免疫性，答案为（D）。

100. 目前使用的杀毒软件，能够检查计算机是否感染了某些病毒，如有感染，可以清除其中一些病毒，答案为（A）。

模块六

计算机网络应用

通过本模块操作，掌握局域网基本知识、局域网的简单应用、上网方式以及浏览器使用、电子邮件的收发。

操作文件夹为“Net”文件夹。

项目内容

任务1　局域网的组建

（1）简述组成局域网的硬件，并绘制连接图。

（2）设置各计算机 IP 地址。

（3）Ping 命令测试。

任务2　Microsoft Edge 浏览器应用

（1）设置主页　使用 Microsoft Edge 浏览器，打开网页“http：//www. hao123. com”，并设为主页。

（2）收藏网页　打开“http://www. pconline. com. cn”网页，收藏于“收藏夹”。

任务3　搜索引擎应用

（1）复制网页内容　打开 http://www. baidu. com，搜索朱自清散文《荷塘月色》，并把原文以 Word 文档保存，取名为“荷塘月色”。

（2）欣赏音乐　打开 http://www. baidu. com，搜索“可可托海的牧羊人”，网上试听。

（3）下载图片文件　打开 http://www. baidu. com，搜索“鸟的图片”，并保存 1 张图片到“Net”文件夹中，取名为“鸟”。

任务4　浏览器收发邮件

（1）打开 QQ 邮箱，向自己的 QQ 邮箱发送一封邮件。

邮件的主题：“计算机文化基础”。

邮件内容："你好！现转发计算机文化基础学习资料，望查收！"

邮件附件："计算机文化基础"

（2）打开 QQ 邮箱，查看收件箱，并下载附件。

项目实施

任务1　局域网的组建

（1）网络硬件　组成局域网的硬件主要有：计算机、集线器（或者交换器、路由器）、网带水晶头的双绞线。组成局域网一般采用星形连接，即通过双绞线，把计算机连接到集线器上。连接完后，开机通电，观察集线器上的指示灯，如对应的端口的指示灯亮，则表明计算机到集线器的物理连接已接通。连接图如图 6-1 所示。

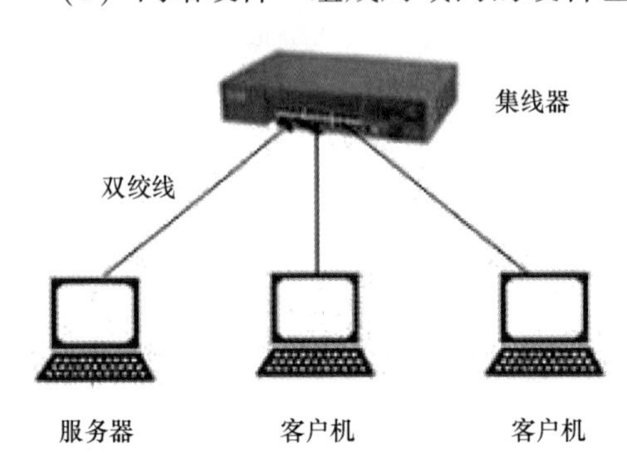

图6-1　局域网连接图

（2）IP 地址　双击"桌面"上的"网络"图标，打开"网络"窗口，单击"网络和共享中心"选项卡（或右击"网络"图标，选择快捷菜单"属性"），打开"网络和共享中心"，如图 6-2 所示。单击"更改适配器设置"导航，弹出"网络连接"窗口，如图 6-3 所示。

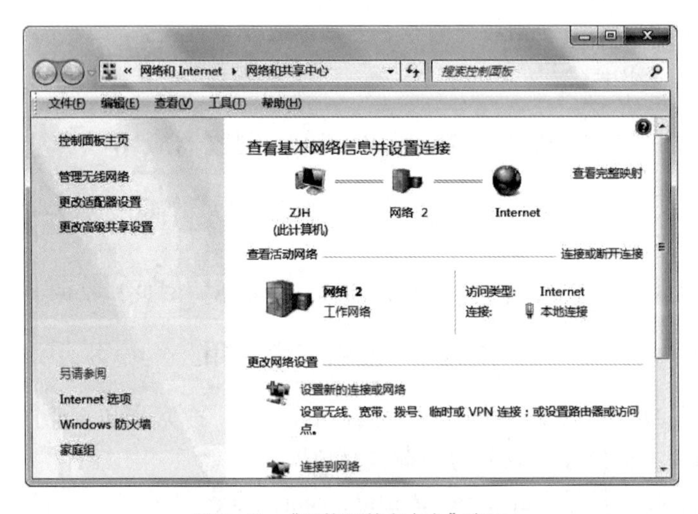

图6-2　"网络和共享中心"窗口

右击"本地连接"图标，选择快捷菜单"属性"，弹出"本地连接 属性"对话框，选择"Internet 协议版本 4（TCP/IPV4）"，如图 6-4 所示，单击"属性"按钮，弹出"Internet 协议版本 4（TCP/IPV4）属性"对话框，选中"使用下面的 IP 地址"，输入 IP 地址和子网掩码，例 IP 地址：192.168.0.10（在同一个网络中 IP 地址要保证唯一），子网掩码为 255.255.255.0，如图 6-5 所示。单击"确定"按钮，返回"本地连接 属性"对话框，单击"关闭"按钮。

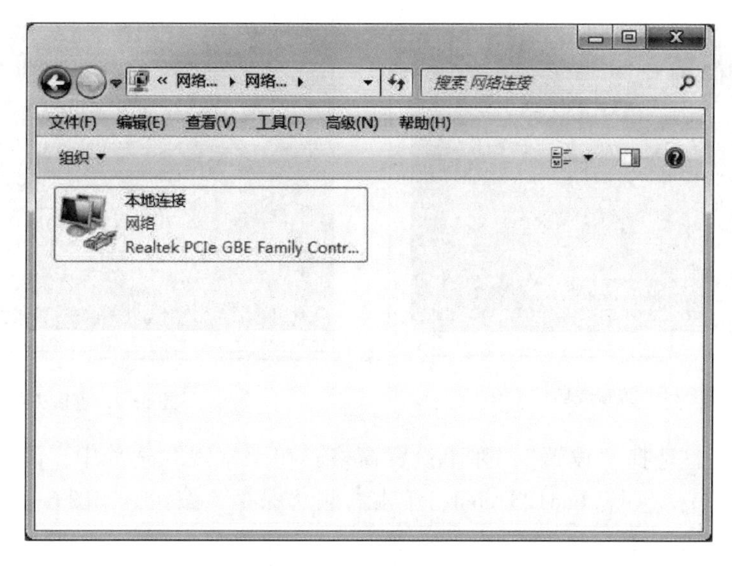

图6-3　“网络连接”窗口

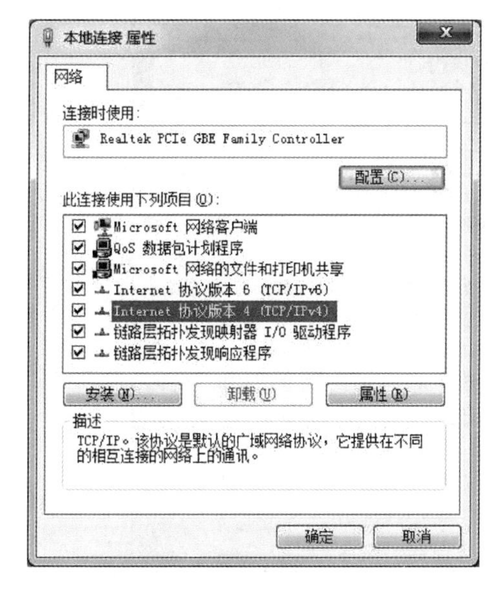

图6-4　“本地连接属性”对话框

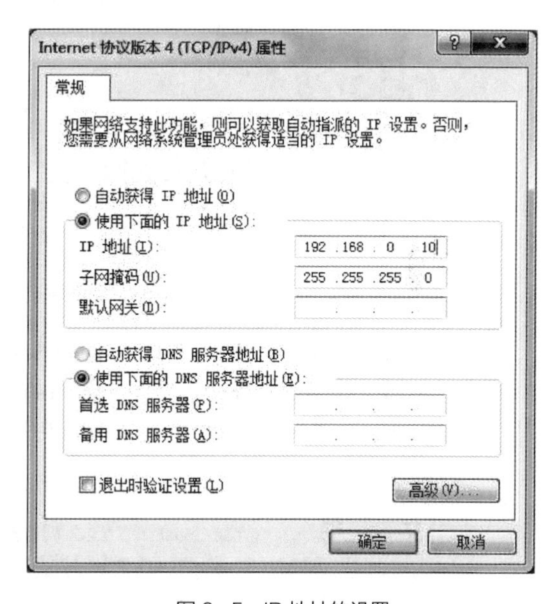

图6-5　IP 地址的设置

（3）连接测试　选择“开始”菜单→“运行”，在弹出的“运行”对话框中输入 Ping 及 IP 地址。如：Ping 192. 168. 0. 10，如图 6-6 所示。

如果显示“Reply from 192. 168. 0. 10：bytes = 32 time<1ms TTL = 128”则表示该计算机连接成功。

如果显示“Request timed out”则表示该计算机连接失败，如图 6-7 所示。

任务 2　Microsoft Edge 浏览器应用

（1）设置主页　打开 Microsoft Edge 浏览器，在地址栏中输入“http://www.hao123.com”，按“回车”，打开网页，如图 6-8 所示。单击 Microsoft Edge 浏览器右上角“设置及其

```
C:\WINDOWS\system32\cmd.exe
C:\Documents and Settings\Administrator>ping 192.168.0.10

Pinging 192.168.0.10 with 32 bytes of data:

Reply from 192.168.0.10: bytes=32 time<1ms TTL=128
Reply from 192.168.0.10: bytes=32 time<1ms TTL=128
Reply from 192.168.0.10: bytes=32 time<1ms TTL=128
Reply from 192.168.0.10: bytes=32 time<1ms TTL=128

Ping statistics for 192.168.0.10:
    Packets: Sent = 4, Received = 4, Lost = 0 (0% loss),
Approximate round trip times in milli-seconds:
    Minimum = 0ms, Maximum = 0ms, Average = 0ms

C:\Documents and Settings\Administrator>_
```

图6-6　连接成功

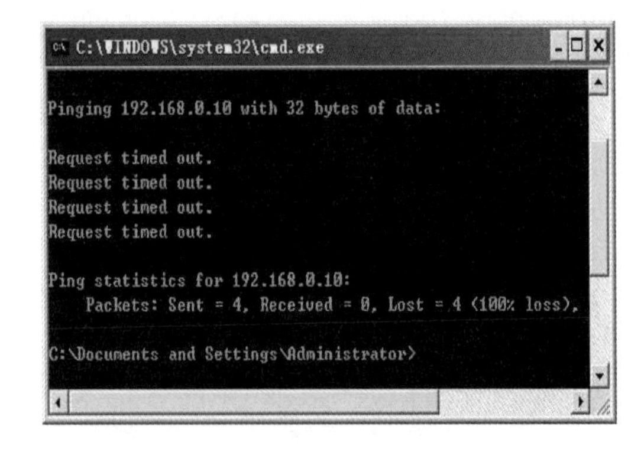

图6-7　连接失败

他”按钮“…”，选择“设置”，弹出设置窗格，在“常规”选项中，设置主页为“特定页”，输入 http://www.hao123.com，单击右侧“保存”按钮，如图6-9所示。

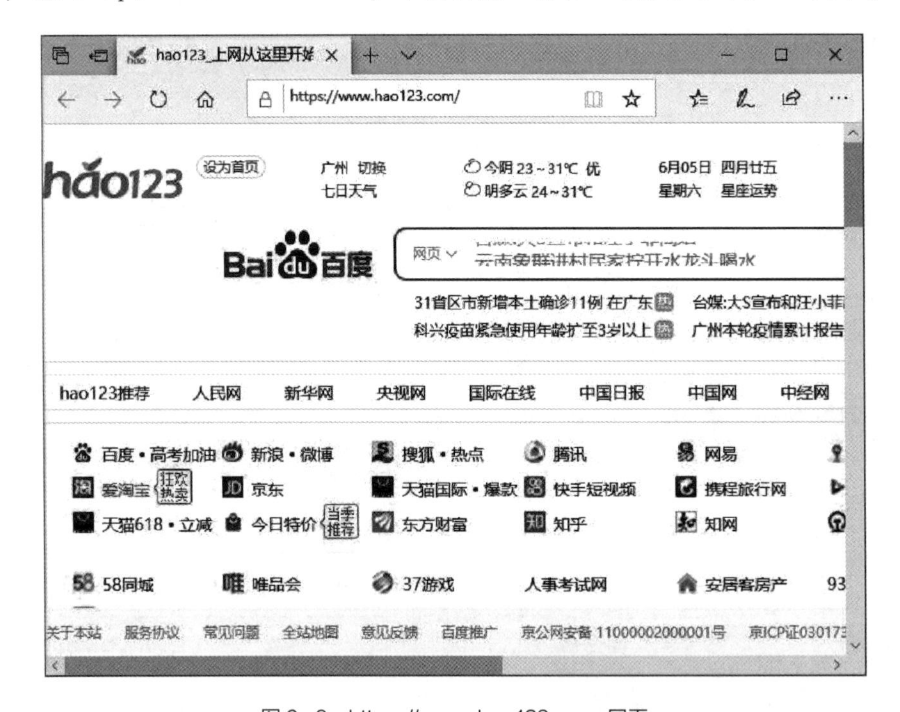

图6-8　http: //www.hao123.com 网页

（2）收藏网页　打开“http://www.pconline.com.cn”网页，单击地址栏右侧的“添加到收藏夹”按钮“☆”，在弹出的窗格中，单击“确定”按钮，如图6-10所示。

任务3　搜索引擎应用

（1）复制网页内容　打开 http://www.baidu.com，选择搜索“网页”，在文本框中输入“荷塘月色”，如图6-11所示，单击“百度一下”按钮，弹出搜索结果，如图6-12所示。单击“朱自清《荷塘月色》-现代散文”链接，弹出原文，如图6-13所示，选择《荷塘月色》原文，复制，粘贴（只留文本）在“荷塘月色”Word文档中，保存文档。

图6-9　设置主页

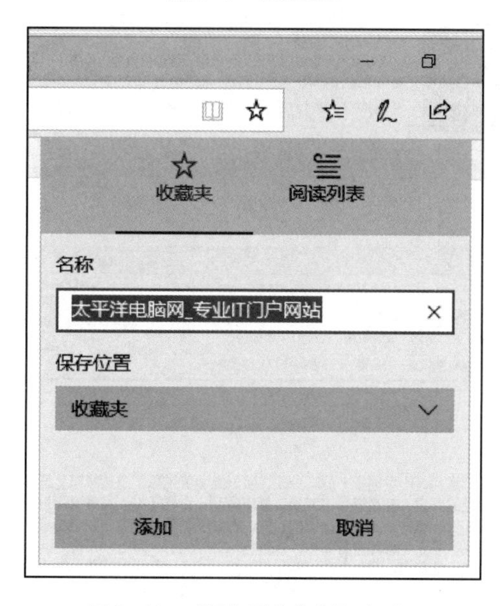

图6-10　“添加到收藏夹”对话框

（2）欣赏音乐　打开 http：//www. baidu. com，在文本框中输入“可可托海的牧羊人”，如图 6-14 所示，单击“百度一下”。搜索结果，如图 6-15 所示。单击“立即播放”试听。

（3）图片另存为　在百度选中“图片”，搜索文本框中输入“鸟”，单击“百度一下”，搜索条目如图 6-16 所示。

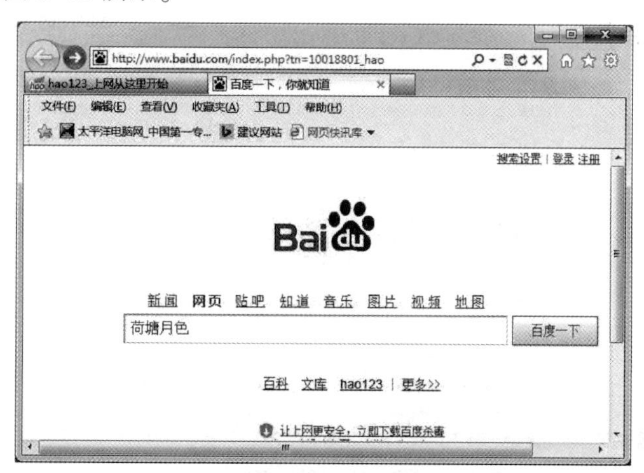

图6-11　“百度”首页

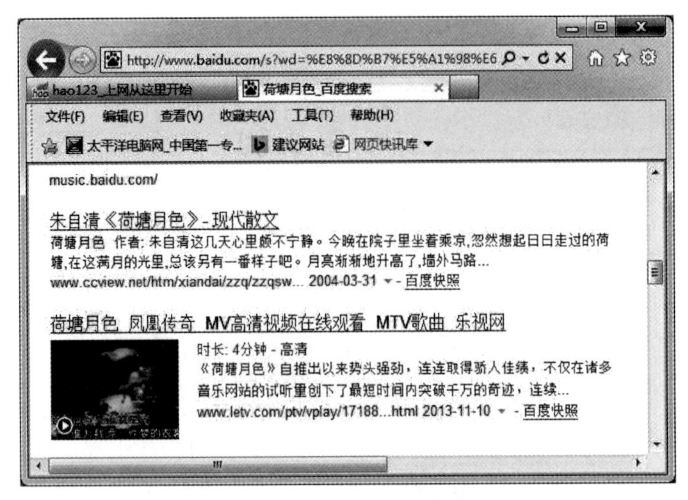

图 6-12 “搜索”结果对话框

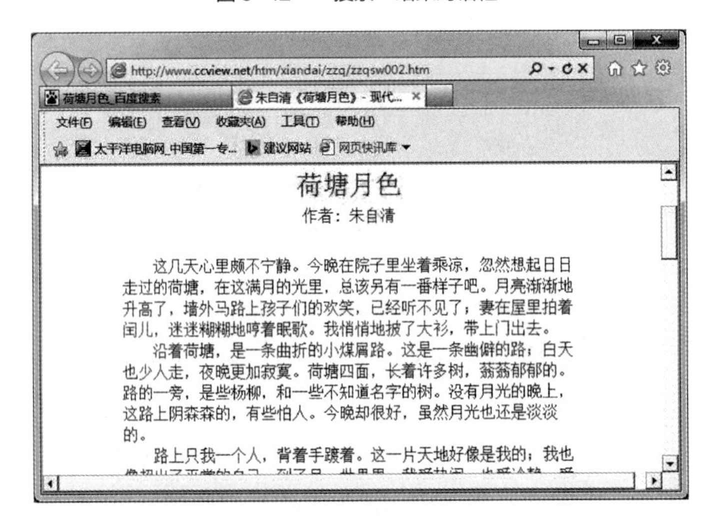

图 6-13 《荷塘月色》原文

图 6-14 搜索音乐

图 6-15 搜索列表

图 6-16 搜索条目

选择 1 张图片，右击，选择快捷菜单“将图像另存为”，弹出“保存图片”对话框，选择保存位置、输入图片文件名“鸟”，单击“保存”按钮。

任务 4 浏览器收发邮件

（1）发送邮件　登录 QQ 邮箱。在收件人文本框中输入 QQ 邮箱地址；在主题文本框中输入：计算机文化基础；在内容文本框中输入：“你好！现转发计算机文化基础学习资料，望查收!”；添加附件：“计算机文化基础 .doc”，如图 6-17 所示，单击“发送”。

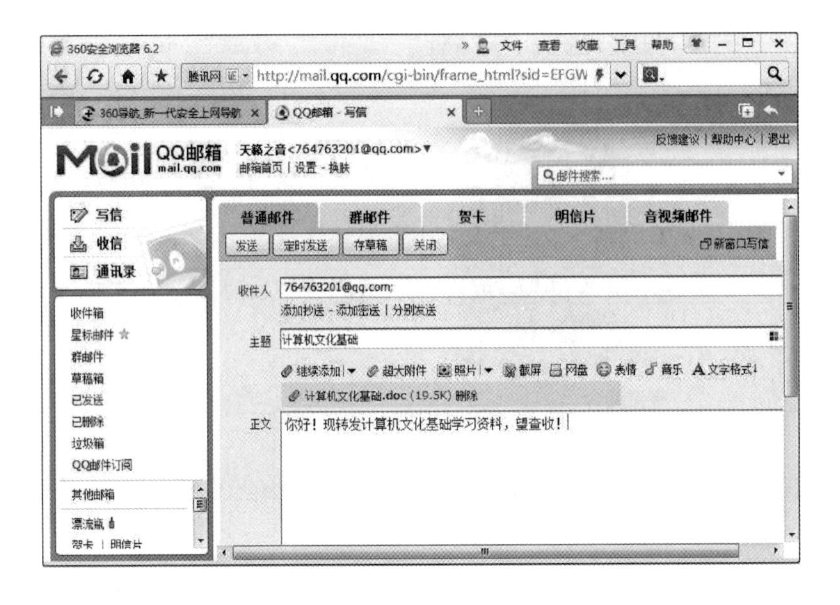

图 6-17 QQ 邮箱首页

（2）查看邮箱 打开 QQ 邮箱，单击“收件箱”，打开收到的计算机基础学习资料邮件，如图 6-18 所示。

在附件中，单击“下载”，弹出“文件下载”对话框，如图 6-19 所示。单击“保存”，弹出“另存为”对话框，选择保存位置“Net”文件夹，命名“基础”，单击“保存”按钮。

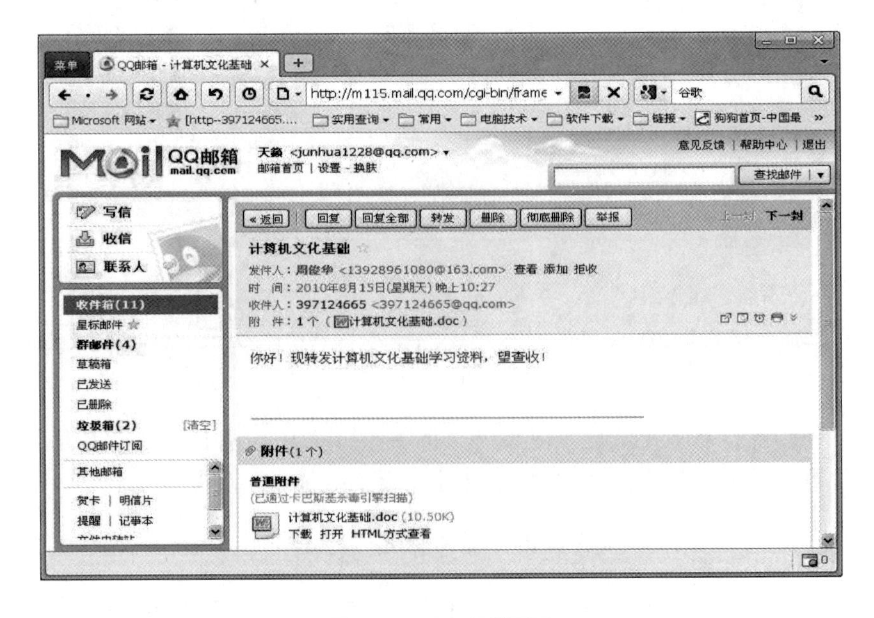

图 6-18 QQ 邮箱页面

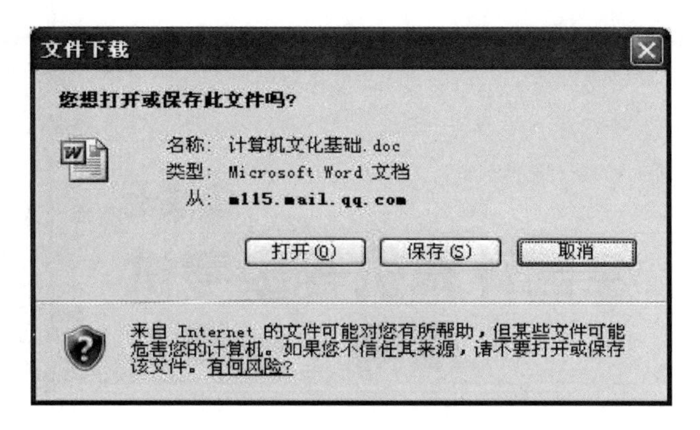

图6-19　“文件下载”对话框

MODULE

7

模块七

全国计算机等级考试指南（一级）

通过本模块操作，掌握等级考试要求及所需要的内容，认真复习反复实训，通过考试。

项目一　MS Office 考试大纲

任务 1　基本要求

（1）具有微型计算机的基础知识（包括计算机病毒的防治常识）。

（2）了解微型计算机系统的组成和各部分的功能。

（3）了解操作系统的基本功能和作用，掌握 Windows 的基本操作和应用。

（4）了解文字处理的基本知识，熟练掌握文字处理 MS Word 的基本操作和应用，熟练掌握一 种汉字（键盘）输入方法。

（5）了解电子表格软件的基本知识，掌握电子表格软件 Excel 的基本操作和应用。

（6）了解多媒体演示软件的基本知识，掌握演示文稿制作软件 PowerPoint 的基本操作和应用。

（7）了解计算机网络的基本概念和 Internet 的初步知识，掌握 IE 浏览器软件和 Out Look Express 软件的基本操作和使用。

任务 2　考试内容

1. 计算机基础知识

（1）计算机的发展、类型及其应用领域。

（2）计算机中数据的表示、存储与处理。

（3）多媒体技术的概念与应用。

（4）计算机病毒的概念、特征、分类与防治。

（5）计算机网络的概念、组成和分类；计算机与网络信息安全的概念和防控。

（6）Internet 网络服务的概念、原理和应用。

2. 操作系统的功能和使用

（1）计算机软、硬件系统的组成及主要技术指标。

（2）操作系统的基本概念、功能、组成及分类。

（3）Windows 操作系统的基本概念和常用术语，文件、文件夹、库等。

（4）Windows 操作系统的基本操作和应用。

① 桌面外观的设置，基本的网络配置。

② 熟练掌握资源管理器的操作与应用。

③ 掌握文件、磁盘、显示属性的查看、设置等操作。

④ 中文输入法的安装、删除和选用。

⑤ 掌握检索文件、查询程序的方法。

⑥ 了解软、硬件的基本系统工具。

3. 文字处理软件的功能和使用

（1）Word 的基本概念，Word 的基本功能和运行环境，Word 的启动和退出。

（2）文档的创建、打开、输入、保存等基本操作。

（3）文本的选定、插入与删除、复制与移动、查找与替换等基本编辑技术；多窗口和多文档的编辑。

（4）字体格式设置、段落格式设置、文档页面设置、文档背景设置和文档分栏等基本排版技术。

（5）表格的创建、修改；表格的修饰；表格中数据的输入与编辑；数据的排序和计算。

（6）图形和图片的插入；图形的建立和编辑；文本框、艺术字的使用和编辑。

（7）文档的保护和打印。

4. 电子表格软件的功能和使用

（1）电子表格的基本概念和基本功能，Excel 的基本功能、运行环境、启动和退出。

（2）工作簿和工作表的基本概念和基本操作，工作簿和工作表的建立、保存和退出；数据输入和编辑；工作表和单元格的选定、插入、删除、复制、移动；工作表的重命名和工作表窗口的拆分和冻结。

（3）工作表的格式化，包括设置单元格格式、设置列宽和行高、设置条件格式、使用样式、自动套用模式和使用模板等。

（4）单元格绝对地址和相对地址的概念，工作表中公式的输入和复制，常用函数的使用。

（5）图表的建立、编辑和修改以及修饰。

（6）数据清单的概念，数据清单的建立，数据清单内容的排序、筛选、分类汇总，数据合并，数据透视表的建立。

（7）工作表的页面设置、打印预览和打印，工作表中链接的建立。

（8）保护和隐藏工作簿和工作表。

5. PowerPoint 的功能和使用

（1）中文 PowerPoint 的功能、运行环境、启动和退出。

（2）演示文稿的创建、打开、关闭和保存。

（3）演示文稿视图的使用，幻灯片基本操作（版式、插入、移动、复制和删除）。

（4）幻灯片基本制作（文本、图片、艺术字、形状、表格等插入及其格式化）。

（5）演示文稿主题选用与幻灯片背景设置。

（6）演示文稿放映设计（动画设计、放映方式、切换效果）。

（7）演示文稿的打包和打印。

6. Internet 的初步知识和应用

（1）了解计算机网络的基本概念和 Internet 的基础知识，主要包括网络硬件和软件，TCP/IP 协议的工作原理，以及网络应用中常见的概念，如域名、IP 地址、DNS 服务等。

（2）能够熟练掌握浏览器、电子邮件的使用和操作。

7. 考试方式

（1）采用无纸化考试，上机操作。考试时间为 90 分钟。

（2）软件环境：Windows 7 操作系统，Microsoft Office 2016 办公软件。

（3）在指定时间内，完成下列各项操作。

① 选择题（计算机基础知识和网络的基本知识）。（20 分）

② Windows 操作系统的使用。（10 分）

③ Word 操作。（25 分）

④ Excel 操作。（20 分）

⑤ PowerPoint 操作。（15 分）

⑥ 浏览器（IE）的简单使用和电子邮件收发。（10 分）

项目二　MS Office 上机考试试题

任务1　试　卷　1

一　Windows 10 基本操作题（不限制操作的方式）

（1）在文件夹下的 BORO 文件夹中建立一个新文件夹 JPS. scx。

（2）将文件夹下 XEE 文件夹中的文件复制到同一文件夹中，更改文件名为 ABC。

（3）将文件夹下 DFET\BWD 文件夹中的文件 MDEEY. sty 的属性修改为只读属性。

（4）将文件夹下 DFENSE 文件夹中的文件 APOFE. crp 删除。

（5）将文件夹下 SEAF 文件夹中的文件 BEER. esw 移动到文件夹下 DEFT\YJE 文件夹中。

二　字处理题

在指定文件夹中，存有“WT. docx”文档，其文档内容如下：

你永远要宽恕众生，不论他有多坏，甚至他伤害过你，你一定要放下，才能得到真正的快乐。

生活哲理

按要求完成下列操作：

① 新建文档 WD. docx，插入文件 WT. docx 的内容。第一段字体设置为四号楷体，左对齐；第二段设置为五号黑体、加粗、右对齐，存储为文件 WD. docx。

② 新建文档 WD12. docx，插入文件 WD11. docx 的内容，将第一段文字在第一段之后复制 4 次。将前 4 段合并为一段，再将合并的一段分为等宽 2 栏，栏宽为 6 厘米。存储为文件 WD12. docx。

③ 制作 4 行 4 列表格，列宽 2. 5 厘米，行高 30 磅，将第一列第 2、3、4 行单元格拆分成 1 行 2 列的单元格，并存储为文件 WD13. docx。

④ 新建文档 WD14. docx，插入文件 WD13. docx 的内容，表格边框为 1. 5 磅，表内线 0. 5 磅，第 1 行设置黄色底纹，存储为文件 WD14. docx。

三　电子表格题

（1）打开工作簿文件 EX. xls（内容如图 7-1 所示），将 A1：D1 单元格合并为一个单元格，内容居中，计算“总计”行的内容，将工作表命名为“专卖店销售情况表”。

	A	B	C	D
1	专卖店销售情况表			
2	名称	1月份	2月份	3月份
3	北京专卖店	67.8	45.6	45.3
4	上海专卖店	45.8	45.7	56.6
5	深圳专卖店	45.8	45.3	45.9
6	总计			

图 7-1　专卖店销售情况表

（2）选取“专卖店销售情况表”的 A2：D5 单元格的内容建立“数据点折线图”，X 轴上的项为月份名称（系列产生在“行”），标题为“专卖店销售情况图”，插入到表的 A8：D20 单元格区域内。

四　演示文稿题

打开指定文件夹下的演示文稿 yswg. ppt，按下列要求完成对此文稿的修饰并保存。

（1）在幻灯片的主标题处键入“世界是你们的”，字体设置为加粗 66 磅。在演示文稿后插入第二张幻灯片，标题处键入“携手创世纪”，文本处键入“让我们同舟共济，与时俱进，创造新的辉煌!”第二张幻灯片的文本部分动画设置为“右下角飞入”。

（2）使用“Cactus”演示文稿设计模板修饰全文，全部幻灯片的切换效果设置为“随机”。

任务 2　试　卷　2

一　Windows 10 基本操作题（不限制操作的方式）

（1）将考生文件夹下 BAD 文件夹下 JORK\BOOK 文件夹中的文件 TEXT. txt 删除。

（2）在考生文件夹下 WATER\LAKE 文件夹中新建一个文件夹 INTEL。

（3）将考生文件夹下 COLD 文件夹中的文件 RAIN. for 设置为隐藏和存档属性。

（4）将考生文件夹下文件夹 AUGEST 中的文件 WARM. bmp 移动到考生文件夹下文件夹 SEP 下，并更名为 UNIX. pos。

(5) 将考生文件夹下 OCT\SEPT 文件夹中的文件 LEEN. txt 更名为 PERN. docx。

二 字处理题

(1) 在考生文件夹中，存有文档 WT. docx，其文档内容如下：

面向对象方法基于构造问题领域的对象模型，以对象为中心构造软件系统。他的基本方法是用对象模拟问题领域中的实体，以对象间的联系刻画实体间的联系。因为面向对象的软件系统的结构是根据问题领域的模型建立起来的，而不是基于对系统完成的功能的分解。所以，当对系统的功能需求变化并不会引起软件结构的整体变化，往往仅需要一些局部性的修改。例如，从已有类派生出一些新的子类以实现功能扩充或修改，增加删除某些对象等。总之，由于现实世界中的实体是相对稳定的，因此，以对象为中心构造的软件系统也是比较稳定的。

按要求完成下列操作：

① 新建文档 WD. DOC，插入文件 WT. DOC 的内容，设置为小四号仿宋-GB2312 字体，分散对齐，所有" 对象" 设置为黑体、加粗，存储为文件 WD. DOC。

② 新建文档 WDA. DOC，插入文件 WD. DOC 的内容，将正文部分复制 2 次，将前两段合并为一段，并将此段分为 3 栏，栏宽为 3.45 厘米，栏间加分隔线，存储为文件 WDA. DOC。

③ 制作 3 行 4 列表格，列宽 2 厘米，行高 1 厘米。填入数据（图 7-2），水平方向上文字为居中对齐，数字为右对齐，并存储为文件 WDB. DOC。

	一	二	三
甲	160	215	765
乙	120	432	521

图 7-2 填入表格数据

④ 在考生文件夹下新建文件 WDC. DOC，插入文件 WDB. DOC 的内容，在底部追加一行，并将第 4 行设置为黄色底纹，统计 1、2、3 列的合计填加到第 4 行，存储为文件 WDC. DOC。

(2) 在考生文件夹中，存有文档 WTA. docx，其文档内容如图 7-3 所示。

学号	班级	姓名	数学	语文	英语	总分
1031	一班	秦越	70	82	80	232
2021	二班	万成	85	93	77	255
3074	三班	张龙	78	77	62	217
1058	四班	王峰	67	60	65	192

图 7-3 考生成绩图

按要求完成下列操作：新建文档 WDD. docx，插入文档 WTA. docx，在表格最后一列之后插入一列，输入列标题“总分”，计算出各位同学的总分。将表格设置为列宽 2 厘米，行高 20 磅，表格内的文字和数据均水平居中和垂直居中。存储为文档 WDD. docx。

三　电子表格题

（1）请将下列数据，如图 7-4 所示，建成一个数据表（存放在 A1 : E5 的区域内），并求出个人工资的浮动额以及原来工资和浮动额的“总计”（保留小数点后面两位），其计算公式是：浮动额=原来工资×浮动率，其数据表保存在 sheet 1 工作表中。

（2）对建立的数据表，选择“姓名”“原来工资”、建立“柱形圆柱图”图表，图表标题为“职工工资浮动额的情况”，设置分类（X）轴为“姓名”，数值（Z）轴为“原来工资”，嵌入在工作表 A7 : F17 区域中。将工作表 sheet 1 更名为“浮动额情况表”。

序号	姓名	原来工资	浮动率	浮动额
1	陈红	1200	0.50%	
2	张东	800	1.50%	
3	朱平	2500	1.20%	
总计				

图 7-4　个人工资浮动额情况表

四　演示文稿题

打开指定文件夹下的演示文稿 yswg. ppt，按下列要求完成对此文稿的修饰并保存。

（1）在演示文稿第一张幻灯片上键入标题：“信息的价值”，设置为加粗、54 磅，标题的动画效果为“螺旋”。

（2）将第二张幻灯片版面改变为“垂直排列文本”，使用演示文稿设计的“Bamboo”模板来修饰全文，全部幻灯片的切换效果设置为“盒状收缩”。

任务 3　试　卷　3

一　Windows 10 基本操作题（不限制操作的方式）

（1）将考生文件夹下 RETN 文件夹中的文件 SENDY. gif 移动到考生文件夹下 SUN 文件夹中。

（2）将考生文件夹下 WESD 文件夹中的文件夹 LAST 设置为存档和隐藏属性。

（3）将考生文件夹下 WOOD 文件夹中的文件 BLUE. asm 复制到考生文件夹下 OIL 文件夹中，并重命名为 GREEN. C。

（4）将考生文件夹下 LEG 文件夹中的文件 FIRE. png 更名为 DRI. asd。

（5）将考生文件夹下 BOAT 文件夹中的文件 LAY. bat 删除。

二　字处理题

在考生文件夹中，存有文档 WT. docx，其内容如下：

新能源技术有太阳能技术、生物能技术、潮汐能技术、地热能技术、风能技术、氢能技术和受热核聚变技术等多种。

按要求完成下列操作：

（1）新建文档 WD. docx，插入文件 WT. docx 的内容。第一段设置为小四号仿宋_

GB2312 字体，左对齐；第二段设置为四号黑体、加粗、右对齐，存储为文件 WD. docx。

（2）新建文档 WDA. docx，插入文件 WD. docx 的内容，将第一段文字在第一段之后复制 3 次，将前两段合并为一段，在将合并的一段分为等宽三栏，栏宽为 4. 5 厘米。存储为文件 WDA. docx。

（3）制作 3 行 4 列表格，如图 7-5 所示，列宽 3 厘米，行高 26 磅。再做如下修改，均分第一列第 2、3 行单元格，并存储为文件 WDB. docx。

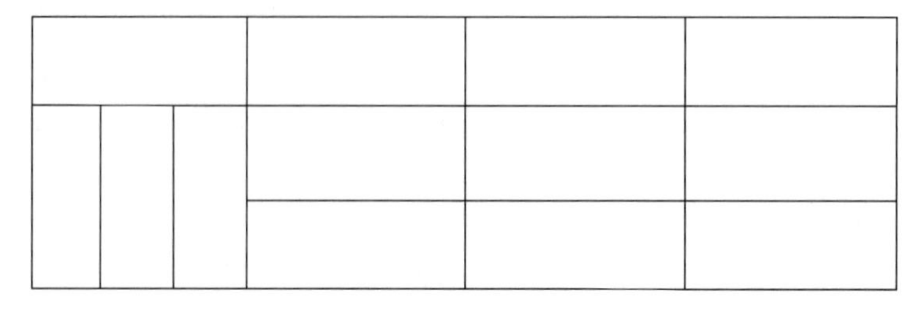

图 7-5　表格样式

（4）新建文档 WDC. docx，插入文件 WDB. docx 的内容，表格边框为 1. 5 磅，表内线 0. 5 磅，第一行设置红色底纹，存储为文件 WDC. docx。

三　电子表格题

请在“考试项目”菜单上选择“电子表格软件使用”菜单项，完成下面的内容：

（1）打开工作簿文件 EX. xls（内容如图 7-6 所示），将工作表 sheet 1 的 A1：C1 单元格合并为一个单元格，内容居中，计算“年产量”列的“总计”项及“所占比例”列的内容（所占比例=年产量/总计，不含“总计”列），“所占比例”列改为百分比格式，两位小数将工作表命名为“年生产量情况表”。

	A	B	C
1	某企业年生产量情况表		
2	产品类型	年产量	所占比例
3	电视机	1600	
4	冰箱	2800	
5	空调	1980	
6	总计		

图 7-6　某企业年生产量情况表

（2）取“年生产量情况表”的“产品类型”列和“所占比例”列的单元格内容（不包括“总计”）行，建立“分离型圆环图”（系列生产行），数据标志显示“百分比”，标题为“年生产量情况图”，插入到表的 A8：F18 单元格区域内。

四　演示文稿题

打开指定文件夹下的演示文稿 yswg. ppt，按下列要求完成对此文稿的修饰并保存。

（1）在第一张幻灯片上键入标题“城建公司建筑管理系统”，版面改编为“垂直排列标题与文本”。幻灯片的文本部分动画设置为“左下角飞入”。

（2）使用“Axis”演示文稿设计模板修饰全文，全部幻灯片切换效果设置为“横向棋盘式”。

任务4　试　卷　4

一　Windows 10 基本操作题（不限制操作的方式）

（1）将考生文件夹下 EUN 文件夹中的文件 PET. sop 复制到同一个文件夹中，更名为 BEAUTY. bas。

（2）在考生文件夹下 CARD 文件夹中建立一个新文件夹 WOLDMAN. bus。

（3）将考生文件夹下 HEART \BEEN 文件夹中的文件 MONKEY. stp 的属性修改为只读属性。

（4）将考生文件夹下 MEANSE 文件夹中的文件 POPER. crp 删除。

（5）在考生文件夹下 STATE 文件夹中建立一个新的文件夹 CHINA。

二　字处理题

（1）在考生文件夹中，存有文档 WT. docx，其内容如下：

微机家庭普及化的日子已到来!

微机在发达国家中已大量进入家庭。如美国 100 户家庭中已有微机 30~40 台，但离完全普及还有距离。其他国家，特别是发展中国家当然还会有相当时日。

微机的发展也有两种趋向，一种意见认为微机应充分发挥技术优势、增强其功能使其用途更为广泛。另一种意见认为家庭中使用的微机不能太复杂，应简化其功能，降低价格，使其以较快的速度广泛进入家庭。看来两种意见各有道理，可能会同时发展。

近年有些公司提出网络计算机的设想，即把微机本身大大简化，大量的功能通过网络来提供，这样可降低本身造价，这与前述趋向有所不同，至今也还有争议。

按要求完成下列操作：

① 新建文档 WD. docx，插入文档 WT. docx，将文中所有“微机”替换为“微型计算机”，存储为文档 WD. docx。

② 新建文档 WDA. docx，复制文档 WDA. docx，将标题段文字（“微机家庭普及化的日子已到来!”）设置为宋体、小三号、居中，添加蓝色阴影边框（边框的线型和线宽使用缺省设置），正文文字（“微机在发达国家，……至今也还有争议”）设置为四号、楷体_GB2312，存储为文档 WDA. docx。

③ 新建文档 WDB. docx，复制文档 WDA. docx，正文各段落左右各缩进 1. 8 厘米，首行缩进 0. 8 厘米，段后间距 12 磅。存储为文档 WDB. docx。

④ 新建文档 WDC. docx，插入文档 WT. docx，将标题段和正文各段连接成一段，将此新的一段分等宽两栏排版，要求栏宽为 7 厘米，存储为文档 WDC. docx。

（2）在考生文件夹中，存有文档 WTA. docx，其内容如图 7-3 所示。

按要求完成下列操作：新建文档 WDD. docx，插入文档 WTA. docx，在表格最后一列之后插入一列，输入列标题“总分”，计算出各位同学的总分。将表格设置为列宽 2 厘米，行高 20 磅，表格内的文字和数据均水平居中和垂直居中。存储为文档 WDD. docx。

三　电子表格题

在考生文件夹下创建工作簿文件 EX. xls，按要求在 EX. xls 中完成以下操作：

（1）在 sheet 1 工作表中建立如图 7-7 所示工作表，并用公式求出每人的总评成绩，总评=平时×30%+期末×70%，表中字体设为楷体 16 磅，数据水平居中，垂直居中，表标题合并居中、20 磅、蓝色字，并将工作表命名为“成绩表”。

（2）将成绩表复制为一张新工作表，将期末成绩在 80 分到 89 分（不含 80 分、89 分）的人筛选出来，并将工作表命名为“筛选”保存在 EX. xls 之中。

	A	B	C	D	E
1	成绩表				
2	学号	姓名	平时	期末	总评
3	188001	任静	78	87	
4	188002	陈东	77	76	
5	188003	成刚	86	90	
6	188004	段明	90	85	

图 7-7 考生期末成绩表

四 演示文稿题

打开指定文件夹下的演示文稿 YSWG. ppt，按要求完成对此文稿的修饰并保存。

（1）将第二张幻灯片对象部分的动画效果设置为“溶解”；在演示文稿的开始处插入一张“标题幻灯片”，作为文稿的第一张幻灯片，主标题键入“统一大业”，并设置为 60 磅、加粗、红色（请用自定义标签中的红色 250、绿色 100、蓝色 100）。

（2）整个演示文稿设置成“Clobal”模板，将全部幻灯片切换效果设置为“左右向中部收缩”。

任务 5 试 卷 5

一 Windows 10 基本操作题，不限制操作的方式。

（1）将考生文件夹下 HANRY \GIRL 文件夹中的文件 DAILY. docx 设置为只读和存档属性。

（2）将考生文件夹下 SMITH 文件夹中的文件 SON. bok 移动到考生文件夹下 JOHN 文件夹中，并将该文件更名为 MATH. docx。

（3）将考生问家你夹下 CASH 文件夹中的文件 MONEY. wri 删除。

（4）在考生文件夹下 BABY 文件夹中建立一个新文件夹 PRICE。

（5）将考生文件夹下 PHONE 文件夹中的文件 COMM. adr 复制到考生文件夹下 FAX 文件夹中。

二 字处理题

（1）按下列格式输入下列文字，并将字体设置成宋体、字号设置成五号字，以 WD. docx 为文件名保存。

高清晰度电视和显示器——是一种民用的清晰度更高的电视，图像质量可与电影媲美，音质接近激光唱片。

（2）将上面文件 WD. docx 的内容复制 4 次到一个新文件中，并按照居中格式排版。以 WDA. docx 为文件名保存。

（3）将数据如图7-8所示，制作一个行高20磅、列宽2.5厘米的表格，并在表格内输入相应的数字（要求使用半角字符），将所有字体设置成宋体，字号设置成五号字，并要求表格中的合计填入相应的单元格中。以WDB.docx为文件名保存。

周一	周二	周三	周四	周五	合计
61.5	81.6	71.5	72.8	90.1	377.5
77.2	62.5	82.6	82.5	79.5	384.3

图7-8　表格数据

三　电子表格题

（1）请将下列三个地区的粮食产量的数据，如图7-9所示，建成一个数据表（存放在A1：C4的区域内），其数据表保存在sheet 1工作表中。

地区	水稻产量(吨)	小麦产量(吨)
1	720	550
2	830	490
3	660	780

图7-9　粮食产量数据

（2）对建立的数据表选择“水稻产量（吨)”和“小麦产量（吨)”数据建立“三维簇状柱形图”，图表标题为“粮食产量图”，并将其嵌入到工作表的A6：E16区域中。将工作表sheet 1更名为“粮食产量表”。

四　演示文稿题

（1）将第二张幻灯片主标题设置为加粗、红色（注意：请用自定义标签中的红色255、绿色0、蓝色0)，第一张幻灯片文本内容动画设置为“螺旋”，然后将第一张幻灯片移动为演示文稿的第二张幻灯片。

（2）第一张幻灯片的背景预设颜色为“茵茵绿原”，斜下，全部幻灯片的切换效果设置为“阶梯状向右下展开”。

参 考 文 献

[1] 周俊华. 计算机文化基础［M］. 北京：经济管理出版社，2009.
[2] 周贵华. 计算机文化基础项目化教程［M］. 北京：北京邮电大学出版社，2016.
[3] 耿国华. 大学计算机应用基础［M］. 北京：清华大学出版社，2016.
[4] 卞诚君. Windows 10+Office 2016 高效办公［M］. 北京：机械工业出版社，2016.